U0365719

北京市大安山林场
森林植物图谱

北京市大安山林场管理处
编著

中国建筑工业出版社

图书在版编目（CIP）数据

北京市大安山林场森林植物图谱/北京市大安山林
场管理处编著. -- 北京：中国建筑工业出版社，2024.
12. -- ISBN 978-7-112-30826-2

Ⅰ. Q948.521-64

中国国家版本馆CIP数据核字第20255TV395号

责任编辑：杜　洁　陈小娟
书籍设计：锋尚设计
责任校对：赵　力

北京市大安山林场森林植物图谱
北京市大安山林场管理处　编著

*

中国建筑工业出版社出版、发行（北京海淀三里河路9号）
各地新华书店、建筑书店经销
北京锋尚制版有限公司制版
北京中科印刷有限公司印刷

*

开本：787毫米×1092毫米　1/16　印张：21¾　字数：628千字
2025年2月第一版　　2025年2月第一次印刷
定价：**288.00**元
ISBN 978-7-112-30826-2
　　（44031）

版权所有　翻印必究

如有内容及印装质量问题，请与本社读者服务中心联系
电话：（010）58337283　QQ：2885381756
（地址：北京海淀三里河路9号中国建筑工业出版社604室　邮政编码：100037）

编委会

主 任：
杨君利

副主任：
刘海龙

主 编：
李金凤　唐玉红　鲁占欧　王杰熙　安玉涛　谢维正
李艺琴　王瑞玲

编 委：
李 光　郎建伟　隗冬梅　孙 帅　杨四海　田广祥
张艳景　张作新　付亚杰　申芳芳　王振兵　杨晓伟
王 洋　袁德龙　于亚杰　李洪杰　赵建梅　李明昱
吴环宇　李 洪　张亚兰　赵礼涛　张忠顺　田 野
刘家豪　王泽金　张立晴　曹晓强　孟博仁　孙建华
刘 新　谢卫国　刘 然　刘金梅　张秋蓉　杨雪松
王海燕　宋彩凤　刘月新　张 洁　李 敏　谢 磊
汪 远　肖佳敏

北京作为我国的首都，拥有丰富的自然资源和生物多样性。其中，北京山区以其独特的地理位置和气候条件，孕育了种类众多的植物。然而，随着城市化的推进和人为活动的增加，山区的植物资源和生态环境的保护工作面临诸多挑战。为了保护和合理利用这些宝贵的自然资源，结合北京市第十次园林绿化资源调查成果，我们编写了《北京市大安山林场森林植物图谱》一书，旨在为同行及公众提供一份较为系统的房山地区山区植物资料，为首都生态文明建设服务。

大安山林场位于房山区大安山乡和周口店镇境内，包括大安山林区和长沟峪林区。其中大安山林区东自大安山乡曲涧、张家台西山梁，南至大安山乡西窖，西至金鸡台、大安山乡界，北至门头沟、房山区界。长沟峪林区东起长沟峪办事处车厂村、良各庄大山梁，南至周口店镇龙宝峪山梁，西至黄山店东葫芦棚、长流水山梁，北至上寺岭、猫耳山山顶。

大安山林场所辖林区属温带大陆性季风气候，四季分明，春季短促多风，夏季较凉爽，冬季寒冷干燥，无霜期150~180天，平均气温7~10°F，年平均降雨量500~600mm。大安山林场北部水系为大安山沟，南部水系为周口店河，属于大石河流域。林区地下水由于多年采煤活动的影响，水文地质情况复杂，地下水的补给、埋藏和流动无明显规律；地表有少量季节性河流分布。

大安山林场地处太行山余脉，地形主干受中生代的燕山运动而形成，以山地为主，台地面积很小。全区海拔在100~1600m之间，可划分为中山、低山和台地三种地貌类型。台地主要分布于周口店河谷两侧，低山主要分布在长沟峪分场，海拔在120~730m之间，平均海拔约 320m；中山分布在瞧煤涧分场及溪沟分场，瞧煤涧分场海拔在 500～1600m 之间，平均海拔约 1010m，溪沟分场海拔在 800～1615m，平均海拔约 1210m。

大安山林场受北温带半湿润大陆性季风气候影响，山体属太行山系小五台山余脉，土壤为山地褐土及山地棕壤，二者面积所占比例大致相当。其中山地褐土包括淋溶褐土、碳酸盐褐土，主要分布在长沟峪林区，山地棕壤分布于大安山林区。海拔 800m 以上，土壤厚度大多集中在 15～35cm 之间，坡度较大，有机质含量不高，易形成地表径流，造成水土流失；海拔 800m 以下，土壤厚度较中山土层略厚。

大安山林场森林植被丰富，垂直分布明显，天然林主要乔木树种有山杨林、黑桦林、蒙古栎林、大叶白蜡林、山杏林等，灌丛主要有荆条灌丛、绣线菊灌丛、黄栌灌丛等，大安山低海拔山地岩壁还分布有大量的国家二级保护植物槭叶铁线莲，草本包括薹草、白头翁、独根草等。人工林主要树种有油松、华北落叶松、侧柏、刺槐等。林场内动物种类多样，鸟类包括红尾鸫、灰林鸮、斑鸫、苍鹰、红嘴蓝鹊和雀鹰等。哺乳类包括中华斑羚、豹猫、果子狸、野猪、狍、兔和松鼠等。同时发现国家一类保护动物金雕、褐马鸡和黑鹳。

在大安山林场内拥有丰富的植物多样性，其中不乏具有极高观赏价值和经济价值的植物种类。这些植物不仅为山区的生态平衡提供了保障，也为人们的生产和生活提供重要的生物资源。在 2023—2024 年的植物多样性和森林调查中，发现维管植物超过 500 种，新发现有较多分布的国家二级保护植物紫椴。此外林区内还分布有华北落叶松、山丹等多种北京市重点保护植物。

大安山林场，这片广袤的绿色海洋，不仅以其丰富的生物多样性维系着生态平衡的责任，还蕴藏着深厚的历史文化底蕴。它见证了岁月的变迁，记录了人类与自然和谐共生的智慧与努力。为了更好地认识这片神奇的土地，了解并保护其上的森林植物资源，我们精心编纂了这本《北京市大安山林场森林植物图谱》。本书旨在通过图文并茂的形式，向读者展示大安山林场丰富的森林植物资源。植物是森林生态系统的基石，它们的生长状况、分布规律以及与其他生物的相互作用，都直接关系到整个生态系统的稳定与健康。因此，我们特别注重图谱的准确性和实用性，力求为读者提供一个全面、系统、科学的森林植物认知平台。

在编纂过程中，我们得到了北京林业大学谢磊教授及其团队的鼎力支持。他们不仅参与了实地考察，还分享了多年来在森林植物保护与研究方面的宝贵经验。谢磊团队的研究生和汪远老师提供了部分植物照片。此外，我们还邀请了多位植物学领域的专家学者参与本书的编写与审核工作，确保了图谱内容的科学性和权威性。我们的编写目的是为公众提供一本较为系统实用的北京地区低山地区植物资料，帮助人们更好地认识和了解大安山林场的植物资源。本书的特点是以大安山林场的植物资源为基础，同时涵盖了北京山区的主要常见植物种类，并按照最新的系统发育分类系统进行排列，不再使用以往的分类系统，方便读者查阅和了解植物之间的亲缘关系。

在图谱的编排上，我们特别注重了实用性和可读性。每个章节都配备了清晰的植物图片，这些图片不仅展示了植物的外观特征，还通过不同的拍摄角度，呈现了植物在不同环境下的生长状态。同时，我们还为每张图片配备了详细的解说文字，帮助读者更好地理解图片内容，加深对植物特征的认识。

在编纂过程中，我们深刻感受到了大安山林场森林植物的多样性和独特性。从高大的乔木到低矮的草本，从珍稀的濒危物种到常见的经济植物，它们共同构成了一个复杂而精妙的植物群落。在这个系统中，每一种植物都有其独特的生态位和功能，它们相互依存、相互制约，共同维持着生态系统的稳定与繁荣。

然而，我们也必须清醒地认识到，随着人类活动的不断扩张和气候变化的影响，大安山林场的森林植物资源正面临着前所未有的挑战。因此，加强森林植物的保护与研究工作显得尤为重要。我们希望通过这本书，唤起更多人对森林植物资源的关注和保护意识，共同推动大安山林场乃至整个生态系统的可持续发展。

最后，我们要感谢所有为本书编纂付出辛勤努力的人们。感谢各位专家学者的悉心指导与审阅，感谢所有参与图片拍摄和文字编写的同仁们的辛勤付出。随着科技的发展和人们对生态环境的认识不断深入，《北京市大安山林场森林植物图谱》一书的研究和编写也将不断完善。我们衷心希望这本书能够成为广大读者了解大安山林场森林植物资源的重要窗口，成为推动森林植物保护与研究的有力工具。让我们携手共进，为保护地球家园的绿色宝藏贡献自己的力量！

目录
Contents

前言

1 _ 团羽铁线蕨 001	37 _ 牛扁 041	73 _ 两型豆 078
2 _ 银粉背蕨 002	38 _ 高乌头 042	74 _ 草珠黄芪 079
3 _ 问荆 003	39 _ 小花草玉梅 043	75 _ 糙叶黄芪 080
4 _ 华北落叶松 004	40 _ 紫花耧斗菜 044	76 _ 笼子梢 081
5 _ 油松 005	41 _ 华北耧斗菜 045	77 _ 阴山胡枝子 082
6 _ 侧柏 006	42 _ 长瓣铁线莲 046	78 _ 兴安胡枝子 083
7 _ 一把伞南星 007	43 _ 半钟铁线莲 047	79 _ 多花胡枝子 084
8 _ 半夏 008	44 _ 大叶铁线莲 048	80 _ 胡枝子 085
9 _ 穿龙薯蓣 009	45 _ 短尾铁线莲 049	81 _ 苜蓿 086
10 _ 藜芦 010	46 _ 卷萼铁线莲 050	82 _ 米口袋 088
11 _ 北重楼 011	47 _ 棉团铁线莲 051	83 _ 歪头菜 089
12 _ 山丹 012	48 _ 芹叶铁线莲 052	84 _ 刺槐 090
13 _ 野鸢尾 014	49 _ 太行铁线莲 053	85 _ 槐 091
14 _ 紫苞鸢尾 015	50 _ 羽叶铁线莲 054	86 _ 北京锦鸡儿 092
15 _ 马蔺 016	51 _ 槭叶铁线莲 055	87 _ 红花锦鸡儿 093
16 _ 北黄花菜 017	52 _ 翠雀 056	88 _ 野大豆 094
17 _ 球序韭 018	53 _ 白头翁 057	89 _ 河北木蓝 095
18 _ 野韭 019	54 _ 毛茛 058	90 _ 葛 096
19 _ 薤白 020	55 _ 茴茴蒜 059	91 _ 苦参 097
20 _ 曲枝天门冬 022	56 _ 石龙芮 060	92 _ 豆茶山扁豆 098
21 _ 玉竹 023	57 _ 瓣蕊唐松草 062	93 _ 蓝花棘豆 099
22 _ 黄精 024	58 _ 贝加尔唐松草 063	94 _ 二色棘豆 100
23 _ 热河黄精 025	59 _ 东亚唐松草 064	95 _ 远志 101
24 _ 知母 026	60 _ 草芍药 065	96 _ 西伯利亚远志 102
25 _ 黑三棱 027	61 _ 落新妇 066	97 _ 龙牙草 103
26 _ 狗尾草 028	62 _ 独根草 067	98 _ 路边青 104
27 _ 芦苇 030	63 _ 华北八宝 068	99 _ 灰栒子 105
28 _ 鸭跖草 031	64 _ 瓦松 069	100 _ 翻白草 106
29 _ 竹叶子 032	65 _ 费菜 070	101 _ 莓叶委陵菜 107
30 _ 地丁草 034	66 _ 繁缕景天 071	102 _ 委陵菜 108
31 _ 小药巴蛋子 035	67 _ 地锦 072	103 _ 蚊子草 109
32 _ 白屈菜 036	68 _ 五叶地锦 073	104 _ 土庄绣线菊 110
33 _ 蝙蝠葛 037	69 _ 乌头叶蛇葡萄 074	105 _ 三裂绣线菊 111
34 _ 黄芦木 038	70 _ 葎叶蛇葡萄 075	106 _ 地蔷薇 112
35 _ 细叶小檗 039	71 _ 山葡萄 076	107 _ 北京花楸 114
36 _ 北乌头 040	72 _ 蒺藜 077	108 _ 欧李 115

109 _ 山杏 116	145 _ 中华秋海棠 152	181 _ 荠 188
110 _ 山桃 117	146 _ 南蛇藤 153	182 _ 诸葛菜 189
111 _ 山楂 118	147 _ 卫矛 154	183 _ 播娘蒿 190
112 _ 华北覆盆子 119	148 _ 铁苋菜 155	184 _ 独行菜 191
113 _ 牛叠肚 120	149 _ 乳浆大戟 156	185 _ 野西瓜苗 192
114 _ 地榆 121	150 _ 地锦草 157	186 _ 小花扁担杆 193
115 _ 蛇莓 122	151 _ 通奶草 158	187 _ 苘麻 194
116 _ 金露梅 123	152 _ 地构叶 159	188 _ 紫椴 195
117 _ 美蔷薇 124	153 _ 雀儿舌头 160	189 _ 扛板归 196
118 _ 山荆子 125	154 _ 叶底珠 161	190 _ 拳参 197
119 _ 小叶鼠李 126	155 _ 加杨 162	191 _ 叉分蓼 198
120 _ 酸枣 127	156 _ 山杨 163	192 _ 荞麦 199
121 _ 枣 128	157 _ 中国黄花柳 164	193 _ 齿翅蓼 200
122 _ 榆 129	158 _ 旱柳 165	194 _ 尼泊尔蓼 201
123 _ 大果榆 130	159 _ 裂叶堇菜 166	195 _ 萹蓄 202
124 _ 脱皮榆 131	160 _ 紫花地丁 167	196 _ 酸模 203
125 _ 黑弹树 132	161 _ 早开堇菜 168	197 _ 石竹 204
126 _ 大叶朴 133	162 _ 西山堇菜 169	198 _ 沼泊繁缕 205
127 _ 葎草 134	163 _ 鸡腿堇菜 170	199 _ 卷耳 206
128 _ 构 135	164 _ 黄海棠 171	200 _ 石生蝇子草 207
129 _ 蒙桑 136	165 _ 犺牛儿苗 172	201 _ 坚硬女娄菜 208
130 _ 桑 137	166 _ 鼠掌老鹳草 173	202 _ 反枝苋 209
131 _ 蝎子草 138	167 _ 毛蕊老鹳草 174	203 _ 藜 210
132 _ 麻叶荨麻 139	168 _ 深山露珠草 175	204 _ 猪毛菜 211
133 _ 狭叶荨麻 140	169 _ 柳叶菜 176	205 _ 地肤 212
134 _ 槲树 141	170 _ 盐麸木 177	206 _ 马齿苋 213
135 _ 栓皮栎 142	171 _ 火炬树 178	207 _ 钩齿溲疏 214
136 _ 蒙古栎 143	172 _ 黄连木 179	208 _ 大花溲疏 215
137 _ 胡桃楸 144	173 _ 黄栌 180	209 _ 东陵绣球 216
138 _ 胡桃 145	174 _ 元宝槭 181	210 _ 太平花 217
139 _ 白桦 146	175 _ 栾 182	211 _ 水金凤 218
140 _ 黑桦 147	176 _ 臭椿 183	212 _ 花葱 219
141 _ 鹅耳枥 148	177 _ 花旗杆 184	213 _ 狭叶珍珠菜 220
142 _ 毛榛 149	178 _ 糖芥 185	214 _ 君迁子 221
143 _ 榛 150	179 _ 豆瓣菜 186	215 _ 柿 222
144 _ 刺果瓜 151	180 _ 白花碎米荠 187	216 _ 点地梅 223

217 _ 迎红杜鹃 224
218 _ 照山白 225
219 _ 薄皮木 226
220 _ 鸡屎藤 227
221 _ 茜草 228
222 _ 瘤毛獐牙菜 229
223 _ 扁蕾 230
224 _ 白首乌 231
225 _ 萝藦 233
226 _ 鹅绒藤 234
227 _ 地梢瓜 235
228 _ 杠柳 236
229 _ 斑种草 237
230 _ 鹤虱 238
231 _ 附地菜 239
232 _ 钝萼附地菜 240
233 _ 牵牛 241
234 _ 圆叶牵牛 242
235 _ 北鱼黄草 243
236 _ 龙葵 244
237 _ 野海茄 245
238 _ 枸杞 246
239 _ 曼陀罗 247
240 _ 酸浆 248
241 _ 花曲柳 249
242 _ 小叶梣 250
243 _ 暴马丁香 251
244 _ 红丁香 252
245 _ 巧玲花 253
246 _ 平车前 254
247 _ 车前 255
248 _ 水蔓菁 256
249 _ 阿拉伯婆婆纳 257
250 _ 北水苦荬 258
251 _ 角蒿 259
252 _ 藿香 260

253 _ 丹参 261
254 _ 荔枝草 262
255 _ 夏至草 263
256 _ 水棘针 264
257 _ 香青兰 265
258 _ 毛建草 266
259 _ 木香薷 267
260 _ 蓝萼香茶菜 268
261 _ 益母草 269
262 _ 糙苏 270
263 _ 并头黄芩 271
264 _ 黄芩 272
265 _ 荆条 273
266 _ 筋骨草 274
267 _ 通泉草 275
268 _ 透骨草 276
269 _ 毛泡桐 277
270 _ 红纹马先蒿 278
271 _ 松蒿 279
272 _ 地黄 280
273 _ 阴行草 281
274 _ 多歧沙参 282
275 _ 石沙参 283
276 _ 展枝沙参 284
277 _ 桔梗 285
278 _ 党参 286
279 _ 阿尔泰狗娃花 287
280 _ 东风菜 288
281 _ 狗娃花 289
282 _ 三脉紫菀 290
283 _ 苍术 291
284 _ 小花鬼针草 292
285 _ 翠菊 293
286 _ 飞廉 294
287 _ 甘菊 295
288 _ 小红菊 296

289 _ 烟管蓟 297
290 _ 黄瓜菜 298
291 _ 尖裂假还阳参 299
292 _ 蓝刺头 300
293 _ 小蓬草 301
294 _ 牛膝菊 302
295 _ 苦荬菜 303
296 _ 牛蒡 304
297 _ 大丁草 305
298 _ 火绒草 306
299 _ 狭苞橐吾 307
300 _ 毛连菜 308
301 _ 漏芦 309
302 _ 篦苞风毛菊 310
303 _ 银背风毛菊 311
304 _ 紫苞雪莲 312
305 _ 风毛菊 313
306 _ 桃叶鸦葱 314
307 _ 蒲公英 315
308 _ 狗舌草 316
309 _ 泥胡菜 317
310 _ 旋覆花 318
311 _ 接骨木 319
312 _ 败酱 320
313 _ 糙叶败酱 321
314 _ 异叶败酱 322
315 _ 窄叶蓝盆花 323
316 _ 六道木 324
317 _ 白芷 325
318 _ 北柴胡 326
319 _ 短毛独活 327
320 _ 迷果芹 328

植物中文名索引 330
植物拉丁名索引 332

1

团羽铁线蕨
Adiantum capillus-junonis

凤尾蕨科 Pteridaceae
铁线蕨属 *Adiantum*

多年生草本；植株高 8~15cm。叶簇生；叶柄纤细如铁丝，深栗色，有光泽；叶片披针形，长 8~15cm，宽 2.5~3.5cm，奇数一回羽状；羽片 4~8 对，下部对生，上部近对生，斜向上，具明显的柄，柄端具关节，下部数对羽片大小几乎相等，团扇形。叶脉多回二歧分叉，直达叶边，两面均明显。分布于北京各区山地。

银粉背蕨
Aleuritopteris argentea

凤尾蕨科 Pteridaceae
粉背蕨属 *Aleuritopteris*

多年生草本；高 15～30cm。叶簇生；叶柄红棕色，上部光滑，基部疏被棕色披针形鳞片；叶片五角形，长宽约 5～7cm，先端渐尖，羽片 3～5 对，基部三回羽裂，中部二回羽裂，上部一回羽裂。叶表面褐色、光滑，背面被乳白色或淡黄色粉末，裂片边缘有明显而均匀的细齿牙。分布于北京各区山地。

3

问荆
Equisetum arvense

木贼科 Equisetaceae
木贼属 *Equisetum*

多年生草本；高5～35cm。地上枝当年枯萎，枝二型。能育枝春季先萌发，黄棕色，具纵沟；鞘筒栗棕色或淡黄色；鞘齿9～12枚，栗棕色，狭三角形，孢子散后能育枝枯萎。不育枝后萌发，绿色，轮生分枝多；鞘筒狭长，绿色；鞘齿三角形，5或6枚，中间黑棕色，边缘淡棕色，宿存。侧枝柔软纤细，扁平状。分布于北京延庆、密云、房山区。

华北落叶松
Larix gmelinii var. *principis-rupprechtii*

松科 Pinaceae
落叶松属 *Larix*

乔木；高达30m。树皮暗灰褐色，不规则纵裂，呈小块片脱落；枝平展，具不规则细齿；苞鳞暗紫色，近带状矩圆形，长0.8~1.2cm，仅球果基部苞鳞的先端露出；种子斜倒卵状椭圆形，灰白色，具不规则褐色斑纹，种翅上部三角状；子叶5~7枚，针形。花期4~5月，球果10月成熟。分布于北京各区山地。

5

油松
Pinus tabuliformis

松科 Pinaceae
松属 *Pinus*

乔木；高达25m，老树树冠平顶。针叶2针一束，深绿色，粗硬，长10~15cm，径约1.5mm，边缘有细锯齿。雄球花圆柱形，在新枝下部聚生呈穗状。球果卵形，有短梗，向下弯垂，成熟前绿色，熟时淡黄色或淡褐黄色；鳞脐突起有尖刺；种子卵圆形，淡褐色有斑纹。花期4~5月，球果第二年10月成熟。分布于北京各区山地。

侧柏
Platycladus orientalis

柏科 Cupressaceae
侧柏属 *Platycladus*

乔木；高达 20 余米。幼树树冠卵状尖塔形，老树树冠圆形；生鳞叶的小枝细，扁平，排成一平面。叶鳞形，先端微钝。雄球花黄色，卵圆形；雌球花近球形，蓝绿色，被白粉。球果近卵圆形，成熟前近肉质，蓝绿色，被白粉；成熟后木质，开裂，红褐色。种子卵圆形，灰褐色，稍有棱脊。花期 3 ~ 4 月，球果 10 月成熟。北京各区有引种。

7

一把伞南星
Arisaema erubescens

天南星科 Araceae
天南星属 *Arisaema*

多年生草本；叶通常1枚，叶柄长40~80cm，中部以下具鞘，鞘部粉绿色；叶片放射状分裂，裂片无定数。佛焰苞绿色，背面有清晰的白色条纹，或淡紫色至深紫色而无条纹，管部圆筒形。肉穗花序单性。果序柄下弯或直立，浆果红色，种子球形，淡褐色。花期5~7月，果期9月。分布于北京延庆、房山区。

半夏
Pinellia ternata

天南星科 Araceae
半夏属 *Pinellia*

多年生草本，叶 2~5 枚。叶柄长 15~20cm，基部具鞘，鞘内、鞘部以上或叶片基部有珠芽，珠芽在母株上萌发或落地后萌发；幼苗叶片卵状心形，为全缘单叶；老株叶片 3 全裂，裂片绿色，叶背颜色较淡，长圆状椭圆形。佛焰苞绿色或绿白色，管部狭圆柱形；檐部长圆形，绿色。肉穗花序。浆果卵圆形，黄绿色。花期 5~7 月，果 8 月成熟。产北京各区山地。

9

穿龙薯蓣
Dioscorea nipponica

薯蓣科 Dioscoreaceae
薯蓣属 *Dioscorea*

多年生藤本；茎左旋，近无毛，长达5m。单叶互生，叶柄长 10~20cm；叶片掌状心形，茎基部叶长 10~15cm，宽 9~13cm，顶端叶片小，近于全缘，叶表面黄绿色，有光泽。雌雄异株，均为穗状花序。蒴果成熟后枯黄色，三棱形，顶端凹入，基部近圆形，每棱翅状。花期 6~8 月，果期 8~10 月。产于北京各区山地。

藜芦
Veratrum nigrum

藜芦科 Melanthiaceae
藜芦属 *Veratrum*

多年生草本；高可达 1m。叶卵状披针形，长22～25cm，宽约 10cm，薄革质，先端锐尖，两面无毛。圆锥花序密生黑紫色花；侧生总状花序近直立伸展，通常具雄花；顶生总状花序，着生两性花；小苞片披针形；花被片反折，矩圆形，先端浑圆，全缘；蒴果。花果期7～9 月。分布于北京各区山地。

11

北重楼
Paris verticillata

藜芦科 Melanthiaceae
重楼属 *Paris*

多年生草本；高 25～60cm。茎绿白色，有时带紫色。叶 6～8 枚轮生，披针形，长 7～15cm，宽 1.5～3.5cm，先端渐尖，基部楔形。外轮花被片绿色，叶状，通常 4 枚，纸质，平展，倒卵状披针形，先端渐尖，基部宽楔形；内轮花被片黄绿色，条形。蒴果浆果状，不开裂。花期 5～6 月，果期 7～9 月。分布于北京房山、门头沟、延庆、怀柔、密云、平谷区。

12

山丹
Lilium pumilum

百合科 Liliaceae
百合属 *Lilium*

多年生草本；高 25～45cm。鳞茎卵形，鳞片长卵形，白色。叶散生于茎中部，条形，长 3.5～9cm，宽 1.5～3mm，边缘有乳头状突起。花单生或数朵排成总状花序，鲜红色，通常无斑点，偶有少数斑点，下垂；花被片反卷。蒴果矩圆形。花期 7～8 月，果期 9～10 月。分布于北京各区山地。

野鸢尾
Iris dichotoma

鸢尾科 Iridaceae
鸢尾属 *Iris*

多年生草本；叶基生或在花茎基部互生，两面灰绿色，剑形，长15~35cm，宽1.5~3cm，顶端多弯曲呈镰刀形，短渐尖，基部鞘状抱茎。花茎实心，花序生于分枝顶端；苞片4~5枚，绿色，披针形，内包含有3~4朵花；花蓝紫色或浅蓝色，有棕褐色斑纹。蒴果圆柱形，果皮黄绿色，革质；种子暗褐色，有小翅。花期7~8月，果期8~9月。分布于北京各区山地。

14

紫苞鸢尾
Iris ruthenica

鸢尾科 Iridaceae
鸢尾属 *Iris*

多年生草本；叶条形，灰绿色，长20～25cm，宽3～6mm，顶端长渐尖，基部鞘状，有3～5条纵脉。花茎纤细，有2～3枚茎生叶；苞片2枚，膜质，绿色，边缘带红紫色，宽披针形，内包含有1朵花；花蓝紫色；外花被裂片倒披针形，有白色及深紫色斑纹。蒴果球形；种子梨形，遇潮湿易变黏。花期5～6月，果期7～8月。分布于北京各区山地。

马蔺
Iris lactea

鸢尾科 Iridaceae
鸢尾属 *Iris*

多年生草本；叶基生，坚韧，灰绿色，狭剑形，长约 50cm，宽 4~6mm，顶端渐尖，基部鞘状，带红紫色。花茎光滑，草质，绿色，边缘白色，披针形，内包含有 2~4 朵花；花乳白色。蒴果长椭圆状柱形；种子为不规则的多面体，棕褐色。花期 5~6 月，果期 6~9 月。分布于北京各区平原和低山区。

16

北黄花菜
Hemerocallis lilioasphodelus

阿福花科 Asphodelaceae
萱草属 Hemerocallis

多年生草本；叶基生，二列，带状，长20～70cm，宽3～12mm；花葶长于或稍短于叶；花序分枝，常为假二歧状的总状花序或圆锥花序，具4至多朵花；苞片披针形；花漏斗状，花被黄色，下部合生，花被裂片向上卷曲；蒴果椭圆形。花果期6～9月。分布于北京房山、门头沟、怀柔、密云、平谷区。

球序韭
Allium thunbergii

石蒜科 Amaryllidaceae
葱属 *Allium*

多年生草本；鳞茎常单生，卵状柱形。鳞茎外皮污黑褐色，纸质，顶端常破裂成纤维状；内皮有时带淡红色，膜质。叶三棱状条形，中空或基部中空，背面具 1 纵棱。花葶中生，圆柱状，中空；总苞单侧开裂，宿存。伞形花序球状，具多而极密集的花；花红色至紫色，花被片卵状椭圆形；花果期 8 月底至 10 月。分布于北京房山、门头沟、昌平、延庆区。

野韭
Allium ramosum

石蒜科 Amaryllidaceae
葱属 *Allium*

多年生草本；鳞茎圆柱状；鳞茎外皮黄褐色，破裂成纤维状、网状。叶三棱状条形，中空，宽 1.5～8mm。花葶圆柱状，具纵棱；总苞单侧开裂至 2 裂，宿存；伞形花序半球状或近球状，多花；花白色，稀淡红色，花被片具红色中脉，内轮矩圆状倒卵形。花果期 6 月底到 9 月。分布于北京各区山地。

薤白
Allium macrostemon

石蒜科 Amaryllidaceae
葱属 *Allium*

多年生草本；鳞茎近球状。叶3~5枚，半圆柱状，中空，上面具沟槽。花葶圆柱状；总苞2裂；伞形花序半球状至球状，具多而密集的花；珠芽暗紫色；花淡紫色或淡红色；花被片矩圆状卵形。花果期5~7月。分布于北京各区平原和低山区。

曲枝天门冬
Asparagus trichophyllus

天门冬科 Asparagaceae
天门冬属 *Asparagus*

多年生草本；近直立。株高 60~100cm。茎平滑；分枝先下弯而后上升，靠近基部的一段形成强烈弧曲。叶状枝近圆柱形或稍压扁，常有几条槽或棱，通常每 5~8 枚成簇，刚毛状。花单性，雌雄异株。茎上的鳞片状叶基部有刺状距，花每 2 朵腋生，绿黄色而稍带紫色。浆果，熟时红色，种子 3~5 颗。花期 5 月，果期 7 月。分布于北京各区山地。

玉竹
Polygonatum odoratum

天门冬科 Asparagaceae
黄精属 *Polygonatum*

多年生草本；叶互生，卵状矩圆形，长5～12cm，宽3～16cm，先端尖，叶背带灰白色，下面脉上平滑至呈乳头状粗糙。花序具1～4花；花被黄绿色至白色，筒较直。浆果蓝黑色，直径7～10mm，种子7～9颗。花期5～6月，果期7～9月。分布于北京各区山地。

黄精
Polygonatum sibiricum

天门冬科 Asparagaceae
黄精属 *Polygonatum*

多年生草本；高50～90cm。根状茎圆柱状，由于结节膨大，因此"节间"一头粗、一头细，在粗的一头有短分枝。叶轮生，每轮4～6枚，条状披针形，长8～15cm，宽6～16mm，先端拳卷。花序通常具2～4朵花，似呈伞形状；苞片位于花梗基部，条状披针形；花被乳白色至淡黄色。浆果黑色，具4～7颗种子。花期5～6月，果期8～9月。分布于北京各区山地。

23

热河黄精
Polygonatum macropodum

天门冬科 Asparagaceae
黄精属 *Polygonatum*

多年生草本；根状茎圆柱形。茎高 30~100cm。叶互生，卵形至卵状椭圆形，长 4~8cm，先端尖。花序具 5~12 花，近伞房状；苞片无或极微小；花被白色或带红点。浆果深蓝色，直径 7~11mm，具 7~8 颗种子。分布于北京各区山地。

知母
Anemarrhena asphodeloides

天门冬科 Asparagaceae
知母属 *Anemarrhena*

多年生草本；叶长 15～60cm，宽 1.5～11mm，向先端渐尖而呈近丝状，基部渐宽而呈鞘状，具多条平行脉，无明显中脉。花葶比叶长；总状花序；苞片小，卵圆形，先端长渐尖；花粉红色、淡紫色至白色；花被片条形，中央具 3 脉，宿存。蒴果狭椭圆形。花果期 6～9 月。分布于北京各区山地。

25

黑三棱
Sparganium stoloniferum

香蒲科 Typhaceae
黑三棱属 *Sparganium*

多年生草本；茎高 0.7~1.2m，挺水。叶片长 40~90cm，宽 0.7~1.6cm，具中脉，基部鞘状。圆锥花序开展，具 3~7 侧枝；每个侧枝上着生多个雌雄花，均为头状花序；花期雄性头状花序呈球形；雄花花被片匙形。果实倒圆锥形，上部通常膨大，具棱，褐色。花果期 5~10 月。产于北京房山、海淀、门头沟、昌平、延庆、大兴区。

狗尾草
Setaria viridis

禾本科 Poaceae
狗尾草属 *Setaria*

一年生草本；秆直立或基部膝曲，高 10～100cm，基部径达 3～7mm。叶鞘松弛，叶舌极短；叶片扁平，长三角状狭披针形，先端长渐尖，基部钝圆形，长 4～30cm，宽 2～18mm，边缘粗糙。圆锥花序紧密呈圆柱状；刚毛长，粗糙，通常绿色或紫红色；小穗椭圆形，先端钝，铅绿色。颖果灰白色。花果期 5～10 月。产于北京各区平原和低山区。

芦苇
Phragmites australis

禾本科 Poaceae
芦苇属 *Phragmites*

多年生高大草本；秆高 1 ~ 3m，具 20 多节，节下被蜡粉。叶舌边缘密生短纤毛；叶片披针状线形，长 30cm，宽 2cm，顶端长渐尖呈丝形。圆锥花序大型，长 20 ~ 40cm，宽约 10cm；分枝多数，长 5 ~ 20cm，着生稠密下垂的小穗；颖果长约 1.5mm。产于北京百花山、东灵山、海坨山。

鸭跖草
Commelina communis

鸭跖草科 Commelinaceae
鸭跖草属 *Commelina*

一年生草本；茎匍匐，可生根，多分枝。叶卵状披针形，长 3～9cm，宽 1.5～2cm。总苞片佛焰苞状，有柄，与叶对生，折叠状，展开后为心形，顶端短急尖，基部心形；聚伞花序，下面一枝仅有花 1 朵，上面一枝有花 3～4 朵，几乎不伸出佛焰苞，花瓣深蓝色。蒴果椭圆形。种子棕黄色，有不规则窝孔。花期 7～9 月，果期 8～10 月。产于北京各区平原和低山区。

竹叶子
Streptolirion volubile

鸭跖草科 Commelinaceae
竹叶子属 *Streptolirion*

多年生攀缘草本；茎长 0.5～6m。叶片心状圆形，长 5～15cm，宽 3～13cm，顶端长尾尖，基部深心形。蝎尾状聚伞花序有花 1 至数朵，集成圆锥状；总苞片叶状，上部的小而卵状披针形。花无梗；花瓣白色、淡紫色而后变白色，线形。蒴果，顶端有芒状突尖。种子褐灰色。花期 7～8 月，果期 9～10 月。产于北京各区山地。

地丁草
Corydalis bungeana

罂粟科 Papaveraceae
紫堇属 *Corydalis*

二年生灰绿色草本；高 10～50cm。茎灰绿色，具棱。基生叶多数；叶片表面绿色，背面苍白色，二至三回羽状全裂，一回羽片 3～5 对，二回羽片 2～3 对。总状花序长，多花。苞片叶状，萼片宽卵圆形。花粉红色至淡紫色。上花瓣稍向上斜伸，末端多少囊状膨大，距长约 4～5mm；下花瓣稍向前伸出，爪向后渐狭，稍长于瓣片；外花瓣具浅鸡冠状突起；内花瓣顶端深紫色。蒴果椭圆形，下垂。花期 4 月，果期 5～6 月。分布于北京房山、延庆区。

31

小药巴蛋子
Corydalis caudata

罂粟科 Papaveraceae
紫堇属 *Corydalis*

多年生草本；高约 15~20cm。茎基以上具 1、2 鳞片，鳞片上部具叶。叶一至三回三出复叶；小叶圆形，有时浅裂，叶背苍白色，长 9~25mm，宽 7~15mm。总状花序具 3~8 花，疏离。苞片卵圆形。萼片小，早落。花蓝色或紫蓝色。蒴果卵圆形，具 4~9 颗种子。种子光滑，直径约 2mm。花期 3~5 月，果期 4~6 月。分布于北京各区低山地区。

白屈菜
Chelidonium majus

罂粟科 Papaveraceae
白屈菜属 *Chelidonium*

多年生草本；高 30～60cm。茎聚伞状多分枝。基生叶少，早凋落，叶片宽倒卵形，长 8～20cm，羽状全裂，表面绿色，背面具白粉；茎生叶叶片长 2～8cm，宽 1～5cm。伞形花序多花；苞片小，卵形。花芽卵圆形；萼片卵圆形，舟状；花瓣倒卵形，黄色。种子卵形，暗褐色，具光泽及蜂窝状小格。花果期 4～9 月。分布于北京各区低山地区。

蝙蝠葛
Menispermum dauricum

防己科 Menispermaceae
蝙蝠葛属 *Menispermum*

藤本；叶纸质，心状扁圆形；长和宽均约3～12cm，边缘有3～9裂，基部近截平，两面无毛，叶背具有白粉；掌状脉9～12条；叶柄有条纹。圆锥花序单生或有时双生，有花数朵至20余朵；雄花萼片膜质，绿黄色，倒卵状椭圆形；花瓣6～8片，肉质。核果紫黑色。花期6～7月，果期8～9月。分布于北京各区山地。

黄芦木
Berberis amurensis

小檗科 Berberidaceae
小檗属 *Berberis*

灌木；高 2～3.5m。茎刺三分叉，长 1～2cm。叶纸质，倒卵状椭圆形，长 5～10cm，宽 2.5～5cm，先端急尖，基部楔形，叶表面暗绿色，背面淡绿色，无光泽，叶缘平展，每边具细刺齿。总状花序具 10～25 朵花，花黄色；萼片 2 轮，外萼片倒卵形；花瓣椭圆形。浆果长圆形，红色。花期 4～5 月，果期 8～9 月。分布于北京各区山地。

细叶小檗
Berberis poiretii

小檗科 Berberidaceae
小檗属 *Berberis*

灌木；高 1~2m。老枝灰黄色，幼枝紫褐色，生黑色疣点，具条棱；茎刺缺如或单一。叶纸质，狭倒披针形，长 1.5~4cm，宽 5~10mm，先端渐尖，具小尖头，基部渐狭，叶缘平展，全缘。穗状总状花序具 8~15 朵花，常下垂；花黄色；苞片条形；花瓣倒卵形。浆果长圆形，红色。花期 5~6 月，果期 7~9 月。分布于北京怀柔、延庆、门头沟、房山区。

36

北乌头
Aconitum kusnezoffii

毛茛科 Ranunculaceae
乌头属 *Aconitum*

多年生草本；茎高 80~150cm，等距离生叶。叶片纸质或近革质，五角形，长 9~16cm，宽 10~20cm，基部心形，三全裂，渐尖，近羽状分裂，小裂片披针形。顶生总状花序具多朵花，通常与其下的腋生花序形成圆锥花序；种子长约 2.5mm，扁椭圆球形，沿棱具狭翅，只在一面生横膜翅。花期 7~9 月。分布于门头沟、延庆、密云、房山区。

牛扁
Aconitum barbatum var. puberulum

毛茛科 Ranunculaceae
乌头属 *Aconitum*

多年生草本；茎高55~90cm，粗2.5~5mm。基生叶2~4枚，茎下部叶具长柄；叶片肾形或圆肾形，长4~8.5cm，宽7~20cm。顶生总状花序，长13~20cm，具密集的花；萼片黄色，上萼片圆筒形。蓇葖果长约1cm，种子倒卵球形，褐色，密生横狭翅。花期7~8月。分布于北京各区山地。

高乌头
Aconitum sinomontanum

毛茛科 Ranunculaceae
乌头属 *Aconitum*

多年生草本；高95～150cm。基生叶1枚；叶片肾形或圆肾形，长12～14.5cm，宽20～28cm，基部宽心形；叶柄具浅纵沟。总状花序长，具密集的花；小苞片通常生花梗中部，狭线形；萼片蓝紫色或淡紫色；花瓣无毛，唇舌形，向后拳卷。蓇葖果；种子倒卵形，具3条棱，褐色，密生横狭翅。花期6～9月。分布于北京门头沟、延庆、怀柔、密云、房山区。

39

小花草玉梅
Anemone rivularis var. *flore-minore*

毛茛科 Ranunculaceae
银莲花属 *Anemone*

多年生草本；高 15～65cm。基生叶 3～5 枚，有长柄；叶片肾状五角形，三全裂，中全裂片宽菱形，3 深裂。花葶直立；聚伞花序长 10～30cm，二至三回分枝；苞片披针状线形；花较小，直径 1～1.8cm；萼片狭椭圆形，长 6～9mm，宽 2.5～4mm。瘦果狭卵球形，稍扁，宿存花柱钩状弯曲。花期 5～8 月。分布于北京门头沟、怀柔、延庆、房山区。

紫花耧斗菜
Aquilegia viridiflora var. *atropurpurea*

毛茛科 Ranunculaceae
耧斗菜属 *Aquilegia*

多年生草本；茎高 40~60cm，基生叶数个，为一回或二回三出复叶；叶片宽约 10cm；小叶菱状倒卵形或宽菱形，三裂。茎中部叶为二回三出复叶，上部叶为一回三出复叶。花序有数朵花；萼片和花瓣深紫色。种子黑色，狭卵球形，花期 5~6 月。分布于北京各山区。

华北耧斗菜
Aquilegia yabeana

毛茛科 Ranunculaceae
耧斗菜属 *Aquilegia*

多年生草本；基生叶有长柄，为一回或二回三出复叶；小叶菱状倒卵形，长 2.5~5cm，宽 2.5~4cm。茎中部叶有稍长柄，通常为二回三出复叶；上部叶小，有短柄，为一回三出复叶。花序有少数花；花下垂；萼片紫色，狭卵形；花瓣紫色，顶端圆截形，末端钩状内曲。蓇葖果长 1.5~2cm；种子黑色，狭卵球形。花期 5~6 月。分布于北京各山区。

长瓣铁线莲
Clematis macropetala

毛茛科 Ranunculaceae
铁线莲属 *Clematis*

木质藤本；长约 2m。二回三出复叶，小叶片 9 枚，纸质，菱状椭圆形，长 2～4.5cm，宽 1～2.5cm，顶端渐尖，基部近于圆形，两侧的小叶片常偏斜，边缘有锯齿。花单生于当年生枝顶端，花萼钟状；萼片 4，蓝色或淡紫色，狭卵形；退化雄蕊呈花瓣状；瘦果倒卵形，具宿存花柱。花期 7 月，果期 8 月。分布于北京各区中高海拔山地。

43

半钟铁线莲
Clematis sibirica var. *ochotensis*

毛茛科 Ranunculaceae
铁线莲属 *Clematis*

木质藤本；三出复叶至二回三出复叶；小叶片 3~9 枚，窄卵状披针形，长 3~7cm，宽 1.5~3cm；小叶柄短。花单生于当年生枝顶，钟状，直径 3~3.5cm；萼片 4，淡蓝色，长方椭圆形，长 2.2~4cm，宽 1~2cm。瘦果倒卵形，棕红色，微被淡黄色短柔毛，有宿存花柱。花期 5~6 月，果期 7~8 月。分布于北京各山区。

大叶铁线莲
Clematis heracleifolia

毛茛科 Ranunculaceae
铁线莲属 *Clematis*

多年生草本或半灌木；高约 0.3~1m，木质化。茎粗壮，有明显的纵条纹。三出复叶；小叶片亚革质，宽卵圆形，长 6~10cm，宽 3~9cm。聚伞花序顶生或腋生，每花下有一枚线状披针形苞片；花杂性，雄花与两性花异株；花直径 2~3cm；萼片 4，蓝紫色，长椭圆形；瘦果卵圆形，红棕色，宿存花柱有白色长柔毛。花期 8~9 月，果期 10 月。分布于北京各山区。

短尾铁线莲
Clematis brevicaudata

毛茛科 Ranunculaceae
铁线莲属 *Clematis*

藤本；枝有棱。一至二回羽状复叶或二回三出复叶，小叶 5~15；小叶片长卵形，长 1.5~6cm，宽 0.7~3.5cm。圆锥状聚伞花序腋生或顶生，常比叶短；花直径 1.5~2cm；萼片 4，开展，白色，狭倒卵形，长约 8mm。瘦果卵形，长约 3mm，宽约 2mm，密生柔毛，具宿存花柱。花期 7~9 月，果期 9~10 月。 分布于北京各区中低海拔山地。

卷萼铁线莲
Clematis tubulosa

毛茛科 Ranunculaceae
铁线莲属 *Clematis*

多年生草本或亚灌木；茎有明显的纵条纹。叶对生，三出复叶；小叶片亚革质或厚纸质，卵圆形，长 6～10cm，宽 3～9cm。聚伞花序顶生或腋生，每花下有一枚线状披针形苞片；花杂性，雄花与两性花异株；花直径 2～3cm，萼片 4，蓝紫色，呈薄片状。瘦果卵圆形，红棕色，被短柔毛，宿存花柱丝状。花期 8～9 月，果期 10 月。分布于北京各区山地。

棉团铁线莲
Clematis hexapetala

毛茛科 Ranunculaceae
铁线莲属 *Clematis*

多年生草本；高30~100cm。叶片近革质，绿色，单叶至复叶，一至二回羽状深裂，裂片线状披针形，长椭圆状披针形，长1.5~10cm，宽0.1~2cm。花序顶生，聚伞花序；花直径2.5~5cm；萼片4~8，通常6，白色，长椭圆形，花蕾时像棉花球。瘦果倒卵形，扁平，具宿存花柱，有灰白色长柔毛。花期6~8月，果期7~10月。分布于北京各区山地。

芹叶铁线莲
Clematis aethusifolia

毛茛科 Ranunculaceae
铁线莲属 *Clematis*

藤本；茎纤细，有纵沟纹。二至三回羽状复叶或羽状细裂。聚伞花序腋生，常 1～3 花；花钟状下垂，直径 1～1.5cm；萼片 4，淡黄色，长方椭圆形或狭卵形，长 1.5～2cm，宽 5～8mm。瘦果扁平，宽卵形，成熟后棕红色，被短柔毛，具宿存花柱长，密被白色柔毛。花期 7～8 月，果期 9 月。分布于北京各区山地。

49

太行铁线莲
Clematis kirilowii

毛茛科 Ranunculaceae
铁线莲属 *Clematis*

藤本；一至二回羽状复叶；小叶片或裂片革质，卵圆形，长 1.5~7cm，宽 0.5~4cm，基部圆形，全缘。聚伞花序或为总状、圆锥状聚伞花序，有花 3 至多朵或花单生，腋生或顶生；花直径 1.5~2.5cm；萼片 4~6，开展，白色，倒卵状长圆形。瘦果卵形至椭圆形，扁，长约 5mm，具宿存花柱。花期 6~8 月，果期 8~9 月。分布于北京房山、门头沟、延庆、密云区。

羽叶铁线莲
Clematis pinnata

毛茛科 Ranunculaceae
铁线莲属 *Clematis*

藤本；一回羽状复叶，有5小叶，基部一对常2~3裂以至2~3小叶；小叶片卵形至卵圆形，长5~9cm，宽3~7cm，顶端渐尖，基部圆形，边缘有锯齿。圆锥状聚伞花序多花，腋生或顶生，常比叶短；花梗密生短柔毛；萼片4，幼时近直立，后开展，白色，狭倒卵形。瘦果。花期7~8月。分布于北京各区山地。

51

槭叶铁线莲
Clematis acerifolia

毛茛科 Ranunculaceae
铁线莲属 *Clematis*

直立小灌木；高30~60cm。根木质，粗壮。老枝外皮灰色，有环状裂痕。叶为单叶，与花簇生；叶片五角形，长3~7.5cm，宽3.5~8cm，通常为不等的掌状5浅裂，边缘疏生缺刻状粗齿牙。花2~4朵簇生；萼片5~8，开展，白色或带粉红色，狭倒卵形至椭圆形。花期4月，果期5~6月。分布于北京低山陡壁或土坡上。

翠雀
Delphinium grandiflorum

毛茛科 Ranunculaceae
翠雀属 *Delphinium*

多年生草本；叶片圆五角形，长 2.2 ~ 6cm，宽 4 ~ 8.5cm，三全裂，中央全裂片近菱形。总状花序有花数朵。萼片 5，紫蓝色，椭圆形或宽椭圆形，长 1.2 ~ 1.8cm；花瓣蓝色，顶端圆形；瓣片宽倒卵形。蓇葖果长 1.4 ~ 1.9cm；种子倒卵状四面体形，沿棱有翅。花期 5 ~ 10 月。分布于北京各区山地。

53

白头翁
Pulsatilla chinensis

毛茛科 Ranunculaceae
白头翁属 *Pulsatilla*

多年生草本；植株高 15~35cm。基生叶 4 或 5 枚，通常在开花时生出，具长柄；叶片宽卵形，长 4.5~14cm，宽 6.5~16cm，三全裂，中全裂片宽卵形，3 深裂，中深裂片楔状倒卵形；叶柄长 7~15cm；花直立；萼片蓝紫色，长圆状卵形。聚合果；瘦果纺锤形，扁，具宿存花柱，有向上斜展的长柔毛。花期 4~5 月。分布于北京各区山地。

毛茛
Ranunculus japonicus

毛茛科 Ranunculaceae
毛茛属 *Ranunculus*

多年生草本；茎直立，高 30~70cm，中空，有槽，具分枝。基生叶多数；叶片圆心形或五角形，长和宽为 3~10cm，通常 3 深裂不达基部。聚伞花序有多数花，疏散；萼片椭圆形，长 4~6mm；花瓣 5，倒卵状圆形，长 6~11mm，宽 4~8mm。聚合果近球形，直径 6~8mm；瘦果扁平，长 2~2.5mm。花果期 4~9 月。分布于北京各区山地。

55

茴茴蒜
Ranunculus chinensis

毛茛科 Ranunculaceae
毛茛属 *Ranunculus*

一年生草本；高 20 ~ 70cm。基生叶与下部叶为三出复叶，叶片宽卵形，长 3 ~ 8cm，小叶 2 ~ 3 深裂，裂片倒披针状楔形。上部叶片 3 全裂，裂片具粗齿牙。花序有较多疏生的花；萼片狭卵形；花瓣 5，宽卵圆形，黄色或白色；花托在果期显著伸长，圆柱形。聚合果长圆形；瘦果扁平，边缘具棱。花果期 5 ~ 9 月。分布于北京各区平原和低山区。

石龙芮
Ranunculus sceleratus

毛茛科 Ranunculaceae
毛茛属 *Ranunculus*

一年生草本；茎高 10～50cm。基生叶多数；叶片肾状圆形，长 1～4cm，宽 1.5～5cm，基部心形，3 深裂不达基部，裂片倒卵状楔形，顶端钝圆，有粗圆齿。聚伞花序有多数花；花小；萼片椭圆形，花瓣 5，倒卵形；花托在果期伸长增大呈圆柱形。聚合果长圆形；瘦果极多数，近百枚，紧密排列，倒卵球形，稍扁。花果期 5～8 月。分布于北京各区平原地区。

瓣蕊唐松草
Thalictrum petaloideum

毛茛科 Ranunculaceae
唐松草属 *Thalictrum*

多年生草本；基生叶数个，为三至四回三出或羽状复叶；叶片长 5～15cm；小叶草质，形状变异很大，顶生小叶倒卵形，长 3～12mm，宽 2～15mm，3 浅裂至 3 深裂，裂片全缘。花序伞房状，有少数或多数花；萼片 4，白色，早落，卵形。瘦果卵形，长 4～6mm，有 8 条纵肋，具宿存花柱。花期 6～7 月。分布于北京各区山地。

58

贝加尔唐松草
Thalictrum baicalense

毛茛科 Ranunculaceae
唐松草属 *Thalictrum*

多年生草本；茎高45~80cm。为三回三出复叶；叶片长9~16cm；小叶草质，顶生小叶宽菱形，长1.8~4.5cm，宽2~5cm，3浅裂。花序圆锥状，长2.5~4.5cm；萼片4，绿白色，早落，椭圆形。瘦果卵球形或宽椭圆球形，稍扁，有8条纵肋。花期5~6月。分布于北京各区山区。

东亚唐松草
Thalictrum minus var. *hypoleucum*

毛茛科 Ranunculaceae
唐松草属 *Thalictrum*

多年生草本；叶互生，为四回三出羽状复叶；小叶纸质或薄革质，顶生小叶楔状倒卵形。叶柄基部有狭鞘。圆锥花序长达 30cm；萼片 4，淡黄绿色，脱落，狭椭圆形；雄蕊多数，花药狭长圆形，顶端有短尖头，花丝丝形；心皮 3～5，无柄，柱头正三角状箭头形。瘦果狭椭圆球形，稍扁，有 8 条纵肋。花期 6～7 月。分布于北京各区山地。

草芍药
Paeonia obovata

芍药科 Paeoniaceae
芍药属 *Paeonia*

多年生草本；高 30～70cm。茎下部叶为二回三出复叶；顶生小叶倒卵形，顶端短尖，基部楔形，全缘，表面深绿色，背面淡绿色；茎上部叶为三出复叶或单叶。单花顶生；萼片宽卵形，淡绿色，花瓣 6，白色、红色、紫红色，倒卵形，长 3～5.5cm，宽 1.8～2.8cm。蓇葖果卵圆形，成熟时果皮反卷呈红色。花期 5 月至 6 月中旬，果期 9 月。分布于北京各区山地。

落新妇
Astilbe chinensis

虎耳草科 Saxifragaceae
落新妇属 *Astilbe*

多年生草本；高 50～100cm。基生叶为二至三回三出羽状复叶；顶生小叶片菱状椭圆形，侧生小叶片卵形至椭圆形，长 1.8～8cm，宽 1.1～4cm，先端短渐尖，边缘有重锯齿，基部楔形；茎生叶 2～3，较小。圆锥花序；苞片卵形；花密集；萼片 5，卵形；花瓣 5，淡紫色至紫红色，线形。蒴果；种子褐色。花果期 6～9 月。分布于北京各区山地。

62

独根草
Oresitrophe rupifraga

虎耳草科 Saxifragaceae
独根草属 *Oresitrophe*

多年生草本；高 12～28cm。根状茎粗壮，芽鳞棕褐色。叶均基生，2～3 枚；叶片心形至卵形，长 3.8cm，宽 3.4cm，先端短渐尖，边缘具不规则齿牙，背面和边缘具腺毛，叶柄被腺毛。花葶不分枝，密被腺毛。多歧聚伞花序；无苞片；花序梗均密被腺毛；萼片 5～7，卵形，全缘，具多脉，无毛。花果期 5～9 月。分布于房山、门头沟、昌平、延庆、怀柔、密云区，竖直崖壁上常见。

华北八宝
Hylotelephium tatarinowii

景天科 Crassulaceae
八宝属 *Hylotelephium*

多年生草本；茎直立，高 10～15cm。叶互生，狭倒披针形至倒披针形，长 1.2～3cm，宽 5～7mm，先端渐尖，钝，基部渐狭，边缘有疏锯齿至浅裂。伞房花序宽 3～5cm；萼片 5，卵状披针形，长 1～2mm；花瓣 5，浅红色，卵状披针形，长 4～6mm，宽 1.7～2mm，先端浅尖。花期 7～8 月，果期 9 月。分布于北京延庆、怀柔、密云、房山、平谷区。

瓦松
Orostachys fimbriata

景天科 Crassulaceae
瓦松属 *Orostachys*

二年生草本；一年生莲座丛叶短；莲座叶线形，先端增大，为白色软骨质，半圆形，有齿；二年生花茎一般高 10~20cm；叶互生，疏生，有刺，线形至披针形。花序总状，紧密，或下部分枝，可呈宽 20cm 的金字塔形；萼片 5，长圆形，长 1~3mm；花瓣 5，红色，披针状椭圆形。蓇葖果 5，长圆形，喙细；种子多数，卵形，细小。花期 8~9 月，果期 9~10月。分布于北京各区山地。

费菜
Phedimus aizoon

景天科 Crassulaceae
费菜属 *Phedimus*

多年生草本；根状茎短，有1～3条茎。叶互生，卵状倒披针形，先端渐尖，基部楔形，边缘有不整齐的锯齿；叶坚实，近革质。聚伞花序有多花，水平分枝，平展，下托以苞叶。萼片5，线形，肉质，先端钝；花瓣5，黄色，长圆形，有短尖。蓇葖果星芒状排列；种子椭圆形。花期6～7月，果期8～9月。分布于北京各区山地。

繁缕景天
Sedum stellariifolium

景天科 Crassulaceae
景天属 *Sedum*

一年生或二年生草本；茎高 10~15cm，褐色。叶互生，正三角形，长 7~15mm，宽 5~10mm，先端急尖，基部宽楔形，全缘。总状聚伞花序；花顶生，萼片 5，披针形，先端渐尖；花瓣 5，黄色，披针状长圆形。蓇葖果下部合生，上部略叉开；种子长圆状卵形，有纵纹，褐色。花期 6~8 月，果期 8~9 月。分布于北京各区山地。

地锦
Parthenocissus tricuspidata

葡萄科 Vitaceae
地锦属 *Parthenocissus*

木质藤本；卷须 5～9 分枝，相隔 2 节间断与叶对生。卷须顶端嫩时膨大呈圆珠形，后遇附着物扩大成吸盘。单叶，通常着生在短枝上，3 浅裂，叶片通常倒卵圆形，顶端裂片急尖，基部心形，边缘有粗锯齿，基出脉 5。多歧聚伞花序；花蕾倒卵椭圆形；萼碟形；花瓣 5，长椭圆形。果实球形；种子倒卵圆形。花期 5～8 月，果期 9～10 月。分布于北京海淀、房山区。

五叶地锦
Parthenocissus quinquefolia

葡萄科 Vitaceae
地锦属 *Parthenocissus*

木质藤本；卷须总状 5~9 分枝，相隔 2 节间断与叶对生，卷须顶端嫩时尖细卷曲，后遇附着物扩大成吸盘。叶为掌状 5 小叶，小叶倒卵圆形，长 5.5~15cm，宽 3~9cm，顶端短尾尖，基部楔形，边缘有粗锯齿，叶表面绿色，背面浅绿色。圆锥状多歧聚伞花序；花蕾椭圆形；萼碟形；花瓣 5，长椭圆形。果实球形；种子倒卵形。花期 6~7 月，果期 8~10 月。分布于北京各区山地。

乌头叶蛇葡萄
Ampelopsis aconitifolia

葡萄科 Vitaceae
蛇葡萄属 *Ampelopsis*

木质藤本；小枝有纵棱纹。卷须2~3叉分枝，相隔2节间断与叶对生。叶为掌状5小叶，小叶3~5羽裂，披针形，长4~9cm，宽1.5~6cm，顶端渐尖，基部楔形，中央小叶深裂；托叶褐色，卵披针形。二歧聚伞花序；花蕾卵圆形；萼碟形；花瓣卵圆形。果实近球形，种子倒卵圆形。花期5~6月，果期8~9月。分布于北京各区山地。

葎叶蛇葡萄
Ampelopsis humulifolia

葡萄科 Vitaceae
蛇葡萄属 *Ampelopsis*

木质藤本；卷须2叉分枝，相隔2节间断与叶对生。单叶，3~5浅裂或中裂，长6~12cm，宽5~10cm，心状五角形或肾状五角形，叶表面绿色，背面粉绿色。多歧聚伞花序与叶对生；花蕾卵圆形，高1.5~2mm，顶端圆形；萼碟形；花瓣5，卵椭圆形。果实近球形；种子2~4颗，倒卵圆形。花期5~7月，果期5~9月。分布于北京各区山地。

山葡萄
Vitis amurensis

葡萄科 Vitaceae
葡萄属 *Vitis*

木质藤本；卷须2~3分枝，每隔2节间断与叶对生。单叶，阔卵圆形，长6~24cm，宽5~21cm，3浅裂或中裂，叶基部心形，边缘有粗锯齿；托叶膜质，褐色。圆锥花序疏散，与叶对生，长5~13cm；花蕾倒卵圆形，顶端圆形；萼碟形；花瓣5。种子倒卵圆形，顶端微凹，基部有短喙。花期5~6月，果期7~9月。分布于北京海淀、房山、门头沟区。

72

蒺藜
Tribulus terrestris

蒺藜科 Zygophyllaceae
蒺藜属 *Tribulus*

一年生草本，平卧。叶对生，偶数羽状复叶，长 1.5～5cm；小叶 6～16，长圆形，基部稍偏斜，全缘，先端锐尖到钝。花直径约 1cm。萼片宿存。分果 4～6mm，硬，表面具刺或具皮刺。花期 5～8 月，果期 6～9 月。分布于北京各区平原和低山区。

两型豆
Amphicarpaea edgeworthii

豆科 Fabaceae
两型豆属 *Amphicarpaea*

一年生缠绕草本；羽状 3 小叶；托叶披针形；小叶薄纸质，顶生小叶菱状卵形，先端钝，常具细尖头，基部圆形，基出脉 3，纤细。生在茎上部的为正常花，排成腋生的短总状花序；花冠淡紫色或白色。荚果二型；生于茎上部的完全花结的荚果为长圆形；由闭锁花伸入地下结的荚果呈椭圆形，不开裂，内含一粒种子。花果期 8~11 月。分布于北京各区平原和低山区。

74

草珠黄芪
Astragalus capillipes

豆科 Fabaceae
黄芪属 *Astragalus*

多年生草本；茎上升或近直立，无毛。羽状复叶有5～9片小叶，长2～5cm；托叶膜质，三角形；小叶椭圆形，长3～22mm，宽1.5～11mm，先端钝圆，基部近圆形。总状花序疏生多花；花小。花萼斜钟状；花冠白色或带粉红色，旗瓣倒心形，翼瓣长圆形，龙骨瓣半圆形。荚果卵状球形，具隆起的横纹。花期7～9月，果期9～10月。分布于北京各区山地。

糙叶黄芪
Astragalus scaberrimus

豆科 Fabaceae
黄芪属 *Astragalus*

多年生草本；羽状复叶，小叶 7 ~ 15；托叶下部与叶柄贴生，上部呈三角形；小叶椭圆形，长 7 ~ 20mm，宽 3 ~ 8mm，先端渐尖，基部近圆形。总状花序生 3 ~ 5 花；花萼管状，萼齿线状披针形；花冠淡黄色或白色，旗瓣倒卵状椭圆形，翼瓣长圆形，龙骨瓣半长圆形。荚果披针状长圆形，微弯，革质。花期 4 ~ 8 月，果期 5 ~ 9 月。分布于北京各区平原和低山区。

笊子梢
Campylotropis macrocarpa

豆科 Fabaceae
笊子梢属 *Campylotropis*

灌木；高1~2m。羽状复叶具3小叶；托叶狭三角形；小叶椭圆形或宽椭圆形，长3~7cm，宽1.5~3.5cm，基部圆形。总状花序单一腋生并顶生；花萼钟形；花冠紫红色或近粉红色，旗瓣椭圆形，龙骨瓣呈直角或微钝角内弯。荚果长椭圆形，果实无毛，具网脉。花果期6~10月。分布于北京各区山地。

阴山胡枝子
Lespedeza inschanica

豆科 Fabaceae
胡枝子属 *Lespedeza*

灌木；高达80cm。托叶丝状钻形；羽状复叶具3小叶；小叶长圆形，长1~2cm，宽0.5~1cm，先端钝圆，基部宽楔形。总状花序腋生，具2~6朵花；花序与叶等长；花萼5深裂；花冠白色，旗瓣近圆形，基部带大紫斑，花期反卷；翼瓣长圆形；龙骨瓣通常先端带紫色。荚果倒卵形。花期7~9月，果期9~10月。分布于北京各区山地。

兴安胡枝子
Lespedeza davurica

豆科 Fabaceae
胡枝子属 *Lespedeza*

灌木；高达 1m。羽状复叶具 3 小叶；托叶线形；小叶长圆形，长 2~5cm，宽 5~16mm，先端圆形或微凹，有小刺尖，基部圆形，叶表面无毛，叶背被短柔毛；总状花序腋生，短于叶，基部簇生无瓣花；花冠淡黄白色；荚果小，倒卵形，两面突起，先端有刺尖。花期 7~8 月，果期 9~10 月。分布于北京各区平原和低山区。

多花胡枝子
Lespedeza floribunda

豆科 Fabaceae
胡枝子属 *Lespedeza*

灌木；枝有条棱。托叶线形；羽状复叶具3小叶；小叶具柄，宽倒卵形或长圆形，长1~1.5cm，宽6~9mm，具小刺尖，基部楔形。总状花序腋生，花序长于叶；花多数；花萼5裂；花冠紫色、紫红色或蓝紫色，旗瓣椭圆形，翼瓣稍短，龙骨瓣长于旗瓣。荚果宽卵形。花期6~9月，果期9~10月。分布于北京各区山地。

80

胡枝子
Lespedeza bicolor

豆科 Fabaceae
胡枝子属 *Lespedeza*

灌木；高 1～3m。羽状复叶具 3 小叶；托叶线状披针形，小叶质薄，卵形、倒卵形或卵状长圆形，具短刺尖。总状花序腋生，较叶长，常构成大型、较疏松的圆锥花序；花萼 5 浅裂；花冠红紫色，旗瓣倒卵形且反卷，荚果斜倒卵形，稍扁，网脉明显。花期 7～9 月，果期 9～10 月。分布于北京各区山地。

苜蓿
Medicago sativa

豆科 Fabaceae
苜蓿属 *Medicago*

多年生草本；高 0.3~1m；羽状三出复叶；小叶长卵形，长 1~4cm，边缘具锯齿；花序总状或头状，长 1~2.5cm，具 5~10 朵花；花长 0.6~1.2cm；花冠淡黄、深蓝或暗紫色；花萼钟形；旗瓣长圆形；荚果螺旋状，紧卷 2~6圈，有 10~20 颗种子；种子卵圆形，平滑。花期 3~4 月，果期 4~5 月。分布于北京各区山地。

米口袋
Gueldenstaedtia verna

豆科 Fabaceae
米口袋属 *Gueldenstaedtia*

多年生草本；托叶宽三角形，基部合生；小叶7~19，早春生的小叶椭圆形，较宽；夏秋生的小叶线形，长 0.2~3.5cm，宽 1~6mm，先端急尖，截形，顶端具细尖。伞形花序具 2~3 朵花；苞片披针形；萼筒钟状；花紫色，旗瓣近圆形，翼瓣楔形，具斜截头。种子肾形。花期 4 月，果期 5~6 月。分布于北京各区山地。

歪头菜
Vicia unijuga

豆科 Fabaceae
野豌豆属 *Vicia*

多年生草本；高 40～100cm。茎数条丛生，具棱，偶数羽状复叶，小叶 1 对，卵状披针形，长 3～7cm，宽 1.5～4cm，基部楔形。总状花序单一；花 8～20 朵，一向密集于花序轴上部；花萼紫色，斜钟状；花冠蓝紫色、紫红色或淡蓝色。荚果扁、长圆形，表皮棕黄色，成熟时腹背开裂，果瓣扭曲。种子扁圆球形，黑褐色。花期 6～7 月，果期 8～9 月。分布于北京各区山地。

刺槐
Robinia pseudoacacia

豆科 Fabaceae
刺槐属 *Robinia*

乔木；高 10~25m。奇数羽状复叶；小叶 2~12 对，常对生，椭圆形，长 2~5cm，宽 1.5~2.2cm，具小尖头，叶表面绿色，背面灰绿色；小托叶针芒状，总状花序腋生，长 10~20cm，下垂，花多数，芳香；花萼斜钟状；花冠白色。荚果褐色，线状长圆形，扁平；花萼宿存；种子褐色至黑褐色，微具光泽，近肾形。花期 4~6 月，果期 8~9 月。分布于北京各区。

85

槐
Styphnolobium japonicum

豆科 Fabaceae
槐属 *Styphnolobium*

乔木；高达 25m。奇数羽状复叶；小叶 4~7 对，纸质，卵状矩圆形，长 2.5~6cm，宽 1.5~3cm；小托叶钻状。圆锥花序顶生，常呈金字塔形；花萼浅钟状；花冠白色或淡黄色，旗瓣近圆形，有紫色脉纹，翼瓣卵状长圆形，龙骨瓣阔卵状长圆形。荚果串珠状，具肉质果皮，成熟后不开裂；种子卵球形。花期 7~8 月，果期 8~10 月。广泛分布于北京各区。

北京锦鸡儿
Caragana pekinensis

豆科 Fabaceae
锦鸡儿属 *Caragana*

灌木；高 1~2m。偶数羽状复叶，小叶 6~8 对；托叶宿存，硬化成针刺，灰褐色，基部扁；小叶倒卵状椭圆形，长 5~12mm，宽 5~7mm，先端圆，具刺尖。花萼管状钟形，萼齿宽三角形；花冠黄色，旗瓣宽卵形，翼瓣较旗瓣稍长，龙骨瓣较翼瓣稍短。荚果扁，密被绒毛。花期 5 月，果期 7 月。分布于北京海淀、房山、门头沟、昌平、延庆区。

红花锦鸡儿
Caragana rosea

豆科 Fabaceae
锦鸡儿属 *Caragana*

灌木；高 0.4~1m。托叶在长枝者呈细针刺，短枝者脱落；叶假掌状复叶，互生；小叶4，楔状倒卵形，长 1~2.5cm，宽 4~12mm，先端圆钝，具刺尖，基部楔形，近革质，叶表面深绿色，背面淡绿色。花萼管状，常紫红色，萼齿三角形；花冠黄色，常紫红色或全部淡红色，凋时变为红色，旗瓣倒卵形，翼瓣长圆状线形，荚果圆筒形。花期 4~6 月，果期 6~7 月。广泛分布于北京各区。

野大豆
Glycine soja

豆科 Fabaceae
大豆属 *Glycine*

一年生草质藤本；长 1～4m。全体疏被褐色长硬毛；三出复叶，顶生小叶卵状披针形，长 3.5～6cm，宽 1.5～2.5cm，先端锐尖，基部近圆形，全缘，两面均被绢状糙伏毛，侧生小叶斜卵状披针形。总状花序腋生；花小，淡紫色；荚果短小，被黄色平伏毛；种子 2～4 粒。花期 7～8 月，果期 8～10 月。分布于北京各区平原地区。

89

河北木蓝
Indigofera bungeana

豆科 Fabaceae
木蓝属 *Indigofera*

灌木；高40~100cm。奇数羽状复叶，长2.5~5cm；小叶2~4对，对生，椭圆形，稍倒阔卵形，长5~1.5mm，宽3~10mm，先端钝圆，基部圆形，叶表面绿色，背面苍绿色；总状花序腋生，长4~7cm，比叶长，花小；花冠紫红色，旗瓣阔倒卵形。荚果褐色，线状圆柱形，被白色丁字毛；种子椭圆形。花期5~6月，果期8~10月。分布于北京各区低山地区。

葛
Pueraria montana var. *lobata*

豆科 Fabaceae
葛属 *Pueraria*

木质藤本；长可达 8m。全株被黄色长硬毛；叶互生，三出复叶，顶生小叶菱状卵形，长 7~15cm，宽 5~12cm，侧生小叶宽卵形，基部偏斜；总状花序腋生，花大，花萼钟形；花冠紫红色，旗瓣中央有一黄斑；荚果长椭圆形，扁平，长 5~9cm，密生黄色长硬毛。花期 9~10 月，果期 11~12 月。分布于北京各区山地。

苦参
Sophora flavescens

豆科 Fabaceae
苦参属 *Sophora*

多年生草本或半灌木；通常高 1m 左右。奇数羽状复叶长达 25cm；小叶 6~12 对，互生或近对生，纸质，椭圆形，长 3~4cm，宽 1.2~2cm，先端钝，基部宽楔形。总状花序顶生；花多数；花萼钟状，明显歪斜；花冠白色或淡黄白色。荚果长 5~10cm，种子间稍缢缩，呈不明显串珠状；种子长卵形，深红褐色或紫褐色。花期 6~8 月，果期 7~10 月。分布于北京各区山地。

豆茶山扁豆
Chamaecrista nomame

豆科 Fabaceae
山扁豆属 *Chamaecrista*

一年生草本；株高 30~60cm。叶长 4~8cm，小叶 8~28 对，在叶柄的上端有黑褐色腺体 1 枚；小叶长 5~9mm，带状披针形，稍不对称。花生于叶腋，总状花序；萼片 5，分离；花瓣 5，黄色。荚果扁平，有毛，开裂；种子扁，近菱形，平滑。分布于北京各区山地。

蓝花棘豆
Oxytropis coerulea

豆科 Fabaceae
棘豆属 *Oxytropis*

多年生草本；高 10～20cm。奇数羽状复叶长5～15cm；托叶披针形；小叶 25～41，长圆状披针形，长 7～15mm，宽 2～4mm，先端渐尖，基部圆形。总状花序；花萼钟状，萼齿三角状披针形；花冠天蓝色或蓝紫色。荚果长圆状卵形膨胀，果梗极短。花期 6～7 月，果期 7～8月。分布于北京门头沟、房山区。

二色棘豆
Oxytropis bicolor

豆科 Fabaceae
棘豆属 *Oxytropis*

多年生草本；高 5～20cm。轮生羽状复叶长 4～20cm；小叶 7～17 轮，线状披针形，长 3～23mm，宽 1.5～6.5mm，先端急尖，基部圆形，边缘常反卷。托叶膜质，卵状披针形，先端分离而渐尖；总状花序；苞片披针形；花萼筒状；花冠紫红色、蓝紫色，旗瓣有黄斑。荚果革质，卵状长圆形。种子宽肾形，暗褐色。花果期 4～9 月。分布于北京房山、门头沟、昌平、延庆区。

95

远志
Polygala tenuifolia

远志科 Polygalaceae
远志属 *Polygala*

多年生草本；高 15~50cm。单叶互生，叶片纸质，线状披针形，长 1~3cm，宽 0.5~1mm，先端渐尖，基部楔形，全缘，反卷；总状花序多腋生；花蓝紫色或淡蓝色，似蝶形花；萼片5，花瓣状；花瓣3，紫色，中央1片顶端有流苏状附属物；蒴果卵形，扁平。花果期5~9月。分布于北京各区山地。

西伯利亚远志
Polygala sibirica

远志科 Polygalaceae
远志属 *Polygala*

多年生草本，高 10～30cm。叶互生，纸质，椭圆状披针形，长 1～2cm，宽 3～6mm，先端钝，基部楔形，全缘，绿色。总状花序多腋生；萼片 5，宿存，里面 2 枚花瓣状，淡绿色；花瓣 3，蓝紫色，中央 1 片顶端有流苏状附属物。蒴果近倒心形。种子长圆形，扁，黑色，密被白色柔毛。花期 4～7 月，果期 5～8 月。分布于北京各区山地。

97

龙牙草
Agrimonia pilosa

蔷薇科 Rosaceae
龙牙草属 *Agrimonia*

多年生草本；茎高 30～120cm，叶为间断奇数羽状复叶，通常有小叶 3～4 对；小叶片倒卵形，长 1.5～5cm，宽 1～2.5cm，有显著腺点。花序穗状总状顶生；花小；萼片 5，三角卵形；钩状刺生于萼筒顶端；花瓣黄色，长圆形。果实倒卵圆锥形，外面有 10 条肋，顶端有数层钩刺，幼时直立，成熟时靠合。花果期 5～12 月。分布于北京各区山地。

路边青
Geum aleppicum

蔷薇科 Rosaceae
路边青属 *Geum*

多年生草本；茎高 30～100cm。基生叶为大头羽状复叶，小叶 2～6 对，顶生小叶最大，菱状广卵形，长 4～8cm，宽 5～10cm；茎生叶托叶大，绿色，叶状，卵形，边缘有大锯齿。花序顶生，疏散排列；花瓣黄色；萼片卵状三角形，顶端渐尖。聚合果倒卵球形，瘦果被长硬毛，花柱宿存，顶端有小钩；果托被短硬毛。花果期 7～10 月。分布于北京各区山地。

99

灰栒子
Cotoneaster acutifolius

蔷薇科 Rosaceae
栒子属 Cotoneaster

灌木；高 2~4m。叶片椭圆卵形，长 2.5~5cm，宽 1.2~2cm，先端急尖，基部宽楔形，全缘；托叶线状披针形，脱落。花 2~5 朵成聚伞花序；花直径 7~8mm；萼筒钟状；萼片三角形；花瓣直立，宽倒卵形，先端圆钝，白色外带红晕。果实椭圆形，稀倒卵形，黑色，内有小核 2~3 个。花期 5~6 月，果期 9~10 月。分布于北京门头沟、昌平、延庆、房山区。

翻白草
Potentilla discolor

蔷薇科 Rosaceae
委陵菜属 *Potentilla*

多年生草本；高 10～45cm。基生叶有小叶 2～4 对，间隔 0.8～1.5cm。小叶对生或互生，小叶片长圆形，长 1～5cm，宽 0.5～0.8cm，顶端圆钝，基部楔形，边缘具圆钝锯齿，背面密生白色绒毛。茎生叶 1～2，有掌状 3～5 小叶。聚伞花序有花数朵，疏散；萼片三角状卵形；花瓣 5，黄色，倒卵形。瘦果近肾形，光滑。花果期 5～9 月。分布于北京各区山地。

101

莓叶委陵菜
Potentilla fragarioides

蔷薇科 Rosaceae
委陵菜属 *Potentilla*

多年生草本；花茎多数，丛生，长8~25cm。基生叶为羽状复叶，有小叶2~3对，间隔0.8~1.5cm；小叶片倒卵形，长0.5~7cm，宽0.4~3cm，两面绿色，被平铺疏柔毛，侧脉密；茎生叶常有3小叶；基生叶托叶膜质、褐色，茎生叶托叶草质、绿色。伞房状聚伞花序顶生，多花，松散；萼片三角状卵形；花瓣黄色，倒卵形。成熟瘦果近肾形，表面有脉纹。花期4~6月，果期6~8月。分布于北京各区山地。

委陵菜
Potentilla chinensis

蔷薇科 Rosaceae
委陵菜属 *Potentilla*

多年生草本；花茎直立，高 20～70cm。基生叶为羽状复叶，有小叶 5～15 对，间隔 0.5～0.8cm；小叶片对生或互生，长圆形，长 1～5cm，宽 0.5～1.5cm，叶表面绿色，背面被白色绒毛；基生叶托叶近膜质，褐色；茎生叶托叶草质，绿色。伞房状聚伞花序；花瓣黄色，宽倒卵形。瘦果卵球形，深褐色，有明显皱纹。花果期 4～10 月。分布于北京各区山地。

103

蚊子草
Filipendula digitata

蔷薇科 Rosaceae
蚊子草属 *Filipendula*

多年生草本；高 60～150cm。叶为羽状复叶，有小叶 2 对，顶生小叶特别大，5～9 掌状深裂，裂片披针形，顶端三角状渐尖，边缘有齿，上面绿色无毛，下面密被白色绒毛，侧生小叶较小，3～5 裂；托叶大，草质，绿色，半心形，边缘有尖锐锯齿。顶生圆锥花序；花小而多；萼片卵形；花瓣白色，倒卵形。瘦果半月形。花果期 7～9 月。分布于北京门头沟、延庆、房山区。

土庄绣线菊
Spiraea ouensanensis

蔷薇科 Rosaceae
绣线菊属 *Spiraea*

灌木，高1～2m。叶片菱状卵形，长2～4.5cm，宽1.3～2.5cm，先端急尖，基部宽楔形，边缘有深刻锯齿；叶表面被疏柔毛，背面被短柔毛。伞形花序具总梗，有花15～20朵；苞片线形；萼筒钟状；萼片卵状三角形，先端急尖；花瓣卵形，先端圆钝，白色。蓇葖果开张，多数具直立萼片。花期5～6月，果期7～8月。分布于北京房山、门头沟、延庆、怀柔、密云区。

105

三裂绣线菊
Spiraea trilobata

蔷薇科 Rosaceae
绣线菊属 *Spiraea*

灌木，高 1~2m。叶片近圆形，长 1.7~3cm，宽 1.5~3cm，先端钝，常 3 裂，叶面平，基部圆形，边缘有少数圆钝锯齿，基部具显著 3~5 脉。伞形花序具总梗，有花 15~30 朵；苞片线形；萼筒钟状；萼片三角形；花瓣宽倒卵形；叶背、花序、花萼均无毛。蓇葖果开张，具直立萼片。花期 5~6 月，果期 7~8 月。分布于北京各区山地。

地蔷薇
Chamaerhodos erecta

蔷薇科 Rosaceae
地蔷薇属 *Chamaerhodos*

二年生草本或一年生草本；高 20～50cm。基生叶密生，莲座状，长 1～2.5cm，二回羽状 3 深裂；茎生叶似基生叶，3 深裂。聚伞花序顶生，具多花，二歧分枝形成圆锥花序；花小；萼筒倒圆锥形，萼片卵状披针形；花瓣倒卵形，白色或粉红色；花瓣与花萼等长。瘦果卵形，深褐色，先端具尖头。花果期 6～8 月。分布于北京门头沟、房山、延庆、怀柔区。

北京花楸
Sorbus discolor

蔷薇科 Rosaceae
花楸属 *Sorbus*

乔木，高达 10m。奇数羽状复叶；小叶 5～7 对，间隔 1.2～3cm，长圆形、长圆椭圆形至长圆披针形，长 3～6cm，宽 1～1.8cm，先端短渐尖，基部通常圆形，边缘有细锐锯齿，叶背面无毛。复伞房花序较疏松，有多数花朵，花序无毛；萼筒钟状；萼片三角形；花瓣长圆卵形，白色。果实卵形，白色或黄色，先端具宿存闭合萼片。花期 5 月，果期 8～9 月。分布于北京各区山地。

108

欧李
Prunus humilis

蔷薇科 Rosaceae
李属 *Prunus*

灌木；高达 1.5m；叶倒卵状，长 2.5~5cm，有锯齿，上面无毛，下面浅绿色；托叶线形，边有腺体，花单生或 2~3 朵簇生，花叶同放；萼片三角状卵形；花瓣白或粉红色，长圆形或倒卵形。核果近球形，熟时红或紫红色。花期 4~5 月，果期 5~6 月。分布于北京各区山地。

山杏
Prunus sibirica

蔷薇科 Rosaceae
李属 *Prunus*

灌木或小乔木，高2~5m；叶片卵形，长5~10cm，宽4~7cm，叶缘细钝锯齿。花单生，先于叶开放；花萼紫红色；萼片长圆状，花后反折；花瓣近圆形，白色或粉红色。果实扁球形，黄色或橘红色，被短柔毛；果肉较薄而干燥，成熟时开裂，味酸涩不可食，成熟时沿腹缝线开裂；核扁球形，易与果肉分离；种仁味苦。花期3~4月，果期6~7月。分布于北京各区山地。

110

山桃
Prunus davidiana

蔷薇科 Rosaceae
李属 *Prunus*

乔木；高可达 10m。叶片卵状披针形，长 5~13cm，宽 1.5~4cm，先端渐尖，基部楔形，叶边具细锐锯齿。花成对着生，先于叶开放；花萼直伸；萼片卵状长圆形，紫色；花瓣倒卵形，粉红色。果实近球形，淡黄色，果梗短而深入果洼；果肉薄而干，成熟时不开裂；核球形，果核具沟纹。花期 3~4 月，果期 7~8 月。分布于北京各区山地。

山楂
Crataegus pinnatifida

蔷薇科 Rosaceae
山楂属 *Crataegus*

乔木；高达6m。具枝刺；叶片宽卵形，长5~10cm，宽4~7.5cm，先端短渐尖，基部截形，通常两侧各有3~5羽状深裂片；伞房花序具多花，花白色；果实近球形，直径1~1.5cm，深红色，有浅色斑点；小核3~5，外面稍具棱，内面两侧平滑；萼片脱落很迟，先端留一圆形深洼。分布于北京各区。

112

华北覆盆子
Rubus idaeus var. *borealisinensis*

蔷薇科 Rosaceae
悬钩子属 *Rubus*

灌木；高1~2m。奇数羽状复叶，小叶3~7枚，长卵形，长3~8cm，宽1.5~4.5cm，顶端短渐尖，基部圆形，叶下部密被灰白色绒毛。花生于侧枝顶端呈短总状花序；托叶条形，具短柔毛；总花梗、花梗、花萼外面均密被短柔毛和疏密不等的针刺；花瓣5，白色。果实近球形，多汁液，红色或橙黄色，核具明显洼孔。花期5~6月，果期8~9月。分布于北京各区山地。

113

牛叠肚
Rubus crataegifolius

蔷薇科 Rosaceae
悬钩子属 *Rubus*

直立灌木；高1～2m。枝具沟棱，有微弯皮刺。单叶，卵形，长5～12cm，宽达8cm，开花枝上的叶稍小，边缘3～5掌状分裂，有锯齿，基部具掌状5脉。花数朵簇生或呈短总状花序，常顶生；花瓣椭圆形，白色。小枝、叶柄、叶脉上均有钩状皮刺。聚合果近球形，暗红色，有光泽；核具皱纹。花期5～6月，果期7～9月。分布于北京各区山地。

114

地榆
Sanguisorba officinalis

蔷薇科 Rosaceae
地榆属 *Sanguisorba*

多年生草本；高 30～120cm。植株有黄瓜味；基生叶为奇数羽状复叶，小叶 4～6 对，卵形，顶端圆钝，基部心形，长 1～7cm，宽 0.5～3cm，两面绿色；茎生叶较少，长圆形；基生叶托叶膜质，褐色；茎生叶托叶大，草质。穗状花序椭圆形，直立，从花序顶端向下开放；萼片 4，紫红色，椭圆形，无花瓣。果实包藏在宿存萼筒内，外面具 4 棱。花果期 7～10 月。分布于北京各区山地。

蛇莓
Duchesnea indica

蔷薇科 Rosaceae
蛇莓属 *Duchesnea*

多年生草本；匍匐茎多数，长 30～100cm。小叶片菱状长圆形，先端圆钝，边缘有钝锯齿；托叶窄卵形。花单生于叶腋；花瓣倒卵形，黄色，先端圆钝；萼片卵形，先端锐尖；副萼片倒卵形，三裂；花托在果期膨大，海绵质，鲜红色，有光泽。瘦果卵形，鲜时有光泽。花期6～8月，果期8～10月。分布于北京各区平原和低山区。

116

金露梅
Dasiphora fruticosa

蔷薇科 Rosaceae
金露梅属 *Dasiphora*

灌木；高 0.5~2m。奇数羽状复叶，小叶 2 对；小叶片长圆形，长 0.7~2cm，宽 0.4~1cm，全缘，边缘平坦，顶端急尖，基部楔形，两面绿色，有丝状柔毛。单花或数朵生于枝顶；萼片卵圆形，顶端短渐尖，副萼片披针形，顶端渐尖；花瓣黄色，宽倒卵形，顶端圆钝。瘦果近卵形，褐棕色。花果期 6~9 月。分布于北京各区山地。

美蔷薇
Rosa bella

蔷薇科 Rosaceae
蔷薇属 *Rosa*

灌木；高1~3m。枝常密被针刺。小叶7~9，椭圆形，长1~3cm，宽6~20mm，先端圆钝，基部近圆形，边缘有单锯齿；小叶柄和叶轴有小皮刺；托叶宽平，边缘有腺齿。花单生或2~3朵集生，苞片卵状披针形；萼片卵状披针形；花瓣粉红色，宽倒卵形。果椭圆状卵球形，顶端有短颈，猩红色，有腺毛。花期5~7月，果期8~10月。分布于北京房山、门头沟、延庆、怀柔、密云、平谷区。

118

山荆子
Malus baccata

蔷薇科 Rosaceae
苹果属 *Malus*

乔木；高达 10~14m。叶片椭圆形，长 3~8cm，宽 2~3.5cm，先端渐尖，基部楔形，边缘有细锐锯齿。伞形花序，具花 4~6 朵，集生在小枝顶端，花大而疏；苞片膜质，线状披针形，边缘具腺齿；萼片披针形，先端渐尖，全缘，长于萼筒；花瓣倒卵形，白色。果实近球形，红色或黄色萼，裂片脱落。花期 4~6 月，果期 9~10 月。分布于北京各区山地。

小叶鼠李
Rhamnus parvifolia

鼠李科 Rhamnaceae
鼠李属 *Rhamnus*

灌木；高 1.5~2m。叶纸质，对生或近对生，或在短枝上簇生，菱状倒卵形，长 1.2~4cm，宽 0.8~2cm，边缘具圆齿状细锯齿，叶表面深绿色，背面浅绿色。花单性，雌雄异株，黄绿色，4 基数，有花瓣，通常数朵簇生于短枝上。核果倒卵状球形，成熟时黑色，具 2 分核，基部有宿存的萼筒；种子倒卵圆形，褐色。花期 4~5 月，果期 6~9 月。分布于北京各区山地。

酸枣
Ziziphus jujuba var. *spinosa*

鼠李科 Rhamnaceae
枣属 *Ziziphus*

灌木；小枝呈之字形曲折，具2个托叶刺。叶纸质，卵形，具小尖头，基部稍不对称，边缘具圆齿状锯齿，叶表面深绿色，背面浅绿色，基生三出脉；托叶刺纤细，后期常脱落。花黄绿色，两性，5基数，聚伞花序；花瓣倒卵圆形。果梗纤细；核果小，近球形，味酸，核两端钝。花期6~7月，果期8~9月。分布于北京各区山地。

枣
Ziziphus jujuba

鼠李科 Rhamnaceae
枣属 *Ziziphus*

乔木；高达 10 余米。枝呈之字形曲折，具 2 个托叶刺，长刺可达 3cm。叶纸质，卵状椭圆形，长 3~7cm，宽 1.5~4cm，顶端钝，具小尖头，基部稍不对称，边缘具圆齿状锯齿，基生三出脉。花黄绿色，两性，5 基数，具短总花梗，聚伞花序；花瓣倒卵圆形。核果矩圆形，成熟时红色，味甜，核顶端锐尖。花期 5~7 月，果期 8~9 月。分布于北京各区山地。

122

榆
Ulmus pumila

榆科 Ulmaceae
榆属 *Ulmus*

乔木；叶椭圆状卵形，先端渐尖，基部偏斜，一侧楔形至圆，另一侧圆至半心脏形，叶表面平滑无毛，叶背幼时有短柔毛，边缘具齿，侧脉每边 9～16 条。花先叶开放，簇生。翅果近圆形，初淡绿色，后白黄色，果核部分位于翅果的中部。宿存花被无毛，4 浅裂。花果期 3～6 月。分布于北京各区。

大果榆
Ulmus macrocarpa

榆科 Ulmaceae
榆属 *Ulmus*

落叶乔木或灌木；高达20m。枝条常有木栓翅；叶宽倒卵形，长5～9cm，宽3.5～5cm，厚革质，先端短尾状，基部渐窄至圆，边缘具重锯齿，叶两面极粗糙。花在去年生枝上排成簇状聚伞花序或散生于新枝的基部。翅果大，宽倒卵状圆形，被毛，果核部分位于翅果中部，宿存花被钟形。花果期4～5月。分布于北京各区山地。

脱皮榆
Ulmus lamellosa

榆科 Ulmaceae
榆属 *Ulmus*

乔木；高8～12m。树皮不规则薄片状脱落。叶倒卵形，长5～10cm，宽2.5～5.5cm，先端尾尖，基部楔形或圆，叶面粗糙，密生硬毛。花常自混合芽抽出，春季与叶同时开放。翅果常散生于新枝的近基部，圆形；果核位于翅果的中部；宿存花被钟状，被短毛，花被片6，边缘有长毛，残存花丝明显伸出花被。分布于北京各区山地。

黑弹树
Celtis bungeana

大麻科 Cannabaceae
朴属 *Celtis*

乔木；当年生小枝，散生椭圆形皮孔，去年生小枝灰褐色。叶厚纸质，狭卵形，长 3 ~ 7cm，宽 2 ~ 4 cm，基部宽楔形，先端尖；叶柄淡黄色，具沟槽。果单生叶腋，果成熟时蓝黑色，近球形；核近球形，表面近平滑或略具网孔状凹陷。花期 4 ~ 5 月，果期 10 ~ 11 月。分布于北京各区山地。

126

大叶朴
Celtis koraiensis

大麻科 Cannabaceae
朴属 *Celtis*

落叶乔木；高达 15m。叶椭圆形，长 7～12cm，宽 3.5～10cm，基部稍不对称，宽楔形，平截状先端伸出尾状长尖，边缘具粗锯齿，两面无毛；在萌发枝上的叶较大，且具较多和较硬的毛。果单生叶腋，果近球形，成熟时橙黄色至深褐色；核球状椭圆形，灰褐色。花期 4～5月，果期 9～10月。分布于北京房山、门头沟、昌平区。

葎草
Humulus scandens

大麻科 Cannabaceae
葎草属 *Humulus*

缠绕草本；茎、枝、叶柄均具倒钩刺。叶纸质，肾状五角形，掌状 5~7 深裂，长、宽约 7~10cm，基部心形，表面粗糙，疏生糙伏毛，背面有柔毛和黄色腺体，边缘具锯齿。雄花小，黄绿色，圆锥花序；雌花序球果状，苞片三角形，顶端渐尖。瘦果成熟时露出苞片外。花期春夏，果期秋季。分布于北京各区山地。

128

构
Broussonetia papyrifera

桑科 Moraceae
构属 *Broussonetia*

乔木；高 10～20m。叶螺旋状排列，长椭圆状卵形，长 6～18cm，宽 5～9cm，先端渐尖，基部心形，两侧不相等，边缘具粗锯齿，小树之叶常有明显分裂，表面粗糙，两面具毛，基生叶脉三出。花雌雄异株；雌花序球形头状；雄花序为柔荑花序，粗壮。聚花果，成熟时橙红色，肉质；瘦果具与果等长的柄，表面有小瘤。花期 4～5 月，果期 6～7 月。分布于北京各区山地。

蒙桑
Morus mongolica

桑科 Moraceae
桑属 *Morus*

乔木；叶长椭圆状卵形，长 8~15cm，宽 5~8cm，先端尾尖，基部心形，边缘具三角形单锯齿，两面无毛，齿端有芒状刺尖。雌花序短圆柱状，长 1~1.5cm，总花梗纤细；聚花果长1.5cm，成熟时红色至紫黑色。花期 3~4 月，果期 4~5 月。分布于北京各区山地。

桑
Morus alba

桑科 Moraceae
桑属 *Morus*

乔木或灌木；高3~10m。叶卵形，长5~15cm，宽5~12cm，先端急尖，基部圆形，边缘锯齿粗钝，表面鲜绿色，脉腋有簇毛；托叶披针形，早落。花单性，与叶同时生出；雄花序下垂，花被片宽椭圆形，淡绿色；雌花序花被片倒卵形。聚花果卵状椭圆形，成熟时红色或暗紫色。花期4~5月，果期5~8月。分布于北京各区山地。

蝎子草
Girardinia diversifolia subsp. *suborbiculata*

荨麻科 Urticaceae
蝎子草属 *Girardinia*

一年生草本；长 10～40cm。有螫毛；叶互生，膜质，宽卵形，长 0.5～3cm，宽 0.4～2.2cm，先端短尾状，基出脉 3 条，钟乳体点状。花单性，雌雄同株；聚伞花序；花被片 4，深裂卵形。瘦果宽卵形，熟时灰褐色，有不规则的粗疣点。花期 7～9 月，果期 9～11 月。分布于北京各区山地。

132

麻叶荨麻
Urtica cannabina

荨麻科 Urticaceae
荨麻属 *Urtica*

多年生草本；叶对生，轮廓五角形，长4~12cm，掌状3深裂，裂片再次羽状深裂；托叶每节4枚，离生，条形，长5~15mm，两面被微柔毛。花雌雄同株，雄花序圆锥状，生于下部叶腋；雌花序生于上部叶腋，常穗状；雄花具短梗，花被片4，裂片卵形，外面被微柔毛；瘦果狭卵形，熟时变灰褐色，表面具褐红色点。花期7~8月，果期8~10月。分布于北京门头沟、延庆、怀柔、房山、密云区。

狭叶荨麻
Urtica angustifolia

荨麻科 Urticaceae
荨麻属 *Urtica*

多年生草本；有蜇毛；茎四棱形。叶对生，披针形，长 4~15cm，宽 1~5cm，先端长渐尖，基部圆形，边缘有粗齿牙，基出脉 3 条；托叶每节 4 枚，离生，条形；花序穗状，集成圆锥状；花单性，花被片 4，雌雄异株。瘦果卵形；宿存花被片 4，在下部合生。花期 6~8 月，果期 8~9 月。分布于北京各区山地。

134

槲树
Quercus dentata

壳斗科 Fagaceae
栎属 *Quercus*

落叶乔木；高达25m。叶片倒卵形，长10~
30cm，宽6~20cm，顶端短钝尖，叶面深绿
色，基部耳形，叶缘波状裂片，叶背面密被灰
褐色星状绒毛；叶柄极短。雄花序和雌花序均
生于新枝上部叶腋。壳斗杯形，壳斗苞片反
卷，红棕色。坚果卵形，有宿存花柱。花期
4~5月，果期9~10月。分布于北京各区山地。

栓皮栎
Quercus variabilis

壳斗科 Fagaceae
栎属 *Quercus*

落叶乔木；高达30m。树皮深纵裂，木栓层发达。叶片卵状披针形，长8~15cm，宽2~6cm，顶端渐尖，基部宽楔形，叶缘具刺芒状锯齿。雄花序下垂；雌花序生于新枝上端叶腋；小苞片钻形，反曲。坚果近球形，顶端圆，果脐突起。花期3~4月，果期翌年9~10月。分布于北京各区山地。

136

蒙古栎
Quercus mongolica

壳斗科 Fagaceae
栎属 *Quercus*

乔木；高达 30m。叶片倒卵形，长 7~19cm，宽 3~11cm，顶端短钝尖，基部窄圆形，叶缘有齿，侧脉 7~11 对。雄花序生于新枝下部；雌花序生于新枝上端叶腋，有花 4~5 朵，通常只 1~2 朵发育，花被 6 裂。壳斗杯形，壳斗外壁小苞片三角状卵形，呈半球形瘤状突起，伸出口部边缘呈流苏状。坚果卵形，果脐微突起。分布于北京各区山地。

胡桃楸
Juglans mandshurica

胡桃科 Juglandaceae
胡桃属 *Juglans*

乔木；高达 20 余米。奇数羽状复叶生于萌发条上，小叶 15～23，长 6～17cm，宽 2～7cm；生于孕性枝上者集生于枝端，小叶 9～17 枚，椭圆形，边缘具细锯齿。侧生小叶对生，先端渐尖，基部歪斜；顶生小叶基部楔形。雄性花为柔荑花序，雌性花为穗状花序。果序俯垂，果实球状；果核表面具 8 条纵棱；内果皮壁内具多数不规则空隙。花期 5 月，果期 8～9 月。分布于北京各区山地。

138

胡桃
Juglans regia

胡桃科 Juglandaceae
胡桃属 *Juglans*

乔木；高达 20m。奇数羽状复叶长 25～30cm，叶柄及叶轴幼时被极短腺毛及腺体；小叶通常 5～9，椭圆状卵形，长 6～15cm，宽 3～6cm，顶端钝圆，基部歪斜，叶表面深绿色，背面淡绿色，侧脉 11～15 对。雄花为下垂柔荑花序；雌花为穗状花序。果实近于球状，果核稍具皱曲。花期 5 月，果期 10 月。分布于北京各区山地。

白桦
Betula platyphylla

桦木科 Betulaceae
桦木属 *Betula*

乔木；高可达 27m。树皮灰白色，成层剥裂；小枝暗灰色或褐色。叶厚纸质，三角状卵形，长 3~9cm，宽 2~7.5cm，顶端锐尖，基部截形，边缘具重锯齿。果序单生，圆柱形，通常下垂；果苞背面密被短柔毛，至成熟时毛渐脱落，边缘具短纤毛。小坚果矩圆形，具膜质翅。分布于北京各区山地。

140

黑桦
Betula davurica

桦木科 Betulaceae
桦木属 *Betula*

乔木；高6~20m。树皮黑褐色，龟裂；小枝红褐色，密生树脂腺体。叶厚纸质，通常为长卵形，长4~8cm，宽3.5~5cm，顶端锐尖，基部近圆形，边缘具不规则锐尖重锯齿。果苞基部宽楔形，上部三裂，中裂片矩圆形，侧裂片卵形。果序矩圆状圆柱形，单生，直立或微下垂。小坚果宽椭圆形，两面无毛，具膜质翅。分布于北京各区山地。

鹅耳枥
Carpinus turczaninovii

桦木科 Betulaceae
鹅耳枥属 *Carpinus*

乔木；高5～10m。树皮暗灰褐色，浅纵裂；枝灰棕色。叶卵形，长2.5～5cm，宽1.5～3.5cm，顶端锐尖，基部近圆形，边缘具重锯齿；托叶条形；花先叶开放。果序长3～5cm；果苞卵形，果苞两侧不对称，半包小坚果。小坚果宽卵形，长约3mm。分布于北京各区山地。

142

毛榛
Corylus mandshurica

桦木科 Betulaceae
榛属 *Corylus*

灌木；高 3～4m。叶宽卵形，长 6～12cm，宽 4～9cm，先端尾状，基部心形，边缘具不规则粗锯齿；雄花序 2～4 枚排成总状。果单生或 2～6 枚簇生，长 3～6cm；果苞管状，在坚果上部缢缩，上部浅裂，裂片披针形；序梗粗壮。坚果几球形，长约 1.5cm，顶端具小突尖。分布于北京各区山地。

143

榛
Corylus heterophylla

桦木科 Betulaceae
榛属 *Corylus*

灌木或小乔木；高1~7m。叶矩圆形或宽倒卵形，长4~13cm，宽2.5~10cm，顶端凹缺或截平，中央具三角状突尖，基部心形，边缘具不规则重锯齿。雄花序单生。果单生或2~6枚簇生呈头状；果苞钟状，外面具细条棱，密生刺状腺体，上部浅裂，裂片三角形，边缘全缘。坚果近球形。分布于北京各区山地。

144

刺果瓜
Sicyos angulatus

葫芦科 Cucurbitaceae
刺果瓜属 *Sicyos*

一年生草本；茎上具棱槽，有卷须。叶片掌状 5 裂；花雌雄同株，雄花排列成总状花序或头状聚伞花序，花萼 5，披针形，花冠 5 裂，白色至浅黄绿色，裂片三角形，雌花较小，花暗黄色，无柄，聚成头状；果实长卵圆形，簇生，密被白色柔毛与黄褐色细长刺。分布于北京海淀、房山、延庆区。

中华秋海棠
Begonia grandis subsp. *sinensis*

秋海棠科 Begoniaceae
秋海棠属 *Begonia*

草本；茎高 20～40cm，外形似金字塔形。叶互生，较小，椭圆状卵形，长 5～12cm，宽 3.5～9cm，叶背色淡，偶带红色；先端渐尖，基部心形，不对称，宽侧下延呈圆形。花序较短，呈伞房状至圆锥状二歧聚伞花序，花小，花粉红色。蒴果具 3 不等大之翅。分布于北京各区山地。

南蛇藤
Celastrus orbiculatus

卫矛科 Celastraceae
南蛇藤属 *Celastrus*

藤本；叶对生，通常阔倒卵形，长5~13cm，宽3~9cm，先端圆阔，具有小尖头，基部阔楔形，边缘具锯齿。聚伞花序腋生，小花1~3朵；雄花萼片钝三角形，花瓣倒卵椭圆形。蒴果近球状，熟时3裂；种子椭圆状稍扁，赤褐色。花期5~6月，果期7~10月。分布于北京各区山地。

卫矛
Euonymus alatus

卫矛科 Celastraceae
卫矛属 *Euonymus*

灌木；高 1~3m。小枝常具 2~4 列宽阔木栓翅。叶对生，卵状椭圆形，长 2~8cm，宽 1~3cm，边缘具细锯齿，两面光滑无毛。聚伞花序具 1~3 花；花白绿色；花瓣近圆形。蒴果 4 深裂；种子椭圆状，种皮褐色，假种皮橙红色，全包种子。花期 5~6 月，果期 7~10 月。分布于北京各区山地。

148

铁苋菜
Acalypha australis

大戟科 Euphorbiaceae
铁苋菜属 *Acalypha*

一年生草本；高 0.2～0.5m；叶膜质，长卵形，长 3～9cm，宽 1～5cm，顶端短渐尖，基部楔形，边缘具圆锯齿，基出脉 3 条。雌雄花同序，花序腋生，具显著总梗；雌花苞片卵状心形；雄花生于花序上部，排列呈穗状，雄花苞片卵形，苞腋具雄花 5～7 朵，簇生。蒴果，果皮具小瘤体；种子近卵状，种皮平滑，假种阜细长。花果期 4～12 月。分布于北京各区平原和低山区。

乳浆大戟
Euphorbia esula

大戟科 Euphorbiaceae
大戟属 *Euphorbia*

多年生草本；有乳汁。叶互生，卵形，长 2~7cm，宽 4~7mm，基部楔形；不育枝叶常为松针状。花序单生于二歧分枝的顶端；腺体 4，新月形，褐色。蒴果三棱状球形，具 3 纵沟；成熟时分裂为 3 个分果爿。种子卵球状，成熟时黄褐色；种阜盾状。花果期 4~10 月。分布于北京各区山地。

地锦草
Euphorbia humifusa

大戟科 Euphorbiaceae
大戟属 *Euphorbia*

一年生草本；茎纤细，匍匐，近基部分枝；叶对生，矩圆形，长5～10mm，宽4～6mm，边缘有细锯齿，叶表面绿色，背面淡绿色，有时淡红色，两面被疏柔毛；花序单生于叶腋；总苞陀螺状，裂片三角形；腺体4，矩圆形，具白色花瓣状附属物。蒴果三棱状球形，无毛。花果期5～10月。分布于北京各区平原地区。

151

通奶草
Euphorbia hypericifolia

大戟科 Euphorbiaceae
大戟属 *Euphorbia*

一年生草本；茎直立，高 15～30cm。叶对生，狭长圆形，长 1～2.5cm，宽 4～8mm，先端钝，基部圆形，通常偏斜，不对称，叶表面深绿色，背面淡绿色，有时略带紫红色；叶柄极短。苞叶 2 枚；花杯状花序簇生叶腋；总苞陀螺状；腺体 4，边缘具白色或淡粉色附属物。蒴果三棱状，被贴伏短柔毛。种子卵棱状。花果期 8～12 月。分布于北京海淀、房山、门头沟、昌平、延庆区。

152

地构叶
Speranskia tuberculata

大戟科 Euphorbiaceae
地构叶属 *Speranskia*

多年生草本；高 25～50cm。叶纸质，卵状披针形，长 1.8～5.5cm，宽 0.5～2.5cm，顶端渐尖，尖头钝，基部阔楔形，边缘具齿，齿端具腺体；托叶卵状披针形。总状花序，上部为雄花，下部为雌花；苞片卵状披针形。蒴果扁球形，具瘤状突起；种子卵形，灰褐色。花果期 5～9 月。分布于北京房山、门头沟、昌平、延庆区。

雀儿舌头
Leptopus chinensis

叶下珠科 Phyllanthaceae
雀舌木属 *Leptopus*

灌木；高达 3m。茎上部和小枝条具棱。叶片膜质，卵形，长 1~5cm，宽 0.4~2.5cm，顶端钝，基部圆，叶表面深绿色，背面浅绿色。花小，雌雄同株，单生或 2~4 朵簇生于叶腋；雄花花瓣白色，匙形，膜质；雌花花瓣倒卵形。蒴果圆球形，基部有宿存的萼片；果梗长 2~3cm。花期 2~8 月，果期 6~10 月。分布于北京各区山地。

154

叶底珠
Flueggea suffruticosa

叶下珠科 Phyllanthaceae
白饭树属 *Flueggea*

灌木；高 1～3m。小枝浅绿色，具棱槽。叶片纸质，椭圆形，长 1.5～8cm，宽 1～3cm，顶端急尖，基部钝，叶背面浅绿色；侧脉每边5～8 条。花小，雌雄异株，簇生于叶腋；雄花3～18 朵簇生；雌花椭圆形，近全缘。蒴果三棱状扁球形，成熟时淡红褐色，常单个或数个生于叶腋，下垂，故又名"叶底珠"。花期3～8月，果期 6～11 月。分布于北京各区山地。

加杨
Populus × canadensis

杨柳科 Salicaceae
杨属 *Populus*

乔木；高达 25m。干直，树皮粗厚，深沟裂，下部暗灰色，上部褐灰色，大枝微向上斜伸，树冠卵形。叶三角形或三角状卵形，长 7～10cm，长枝和萌枝叶较大，长 10～20cm，先端渐尖，基部截形，有腺体，有圆锯齿；叶柄侧扁，红色。柔荑花序下垂，常先叶开放；雄花序较雌花序稍早开放。蒴果卵圆形，2～3瓣裂。雄株多，雌株少。花期 4 月，果期 5～6月。分布于北京各区山地。

156

山杨
Populus davidiana

杨柳科 Salicaceae
杨属 *Populus*

乔木；高达25m。树皮光滑，灰绿色或灰白色，老树基部黑色粗糙；树冠圆形。叶三角状卵圆形，长宽近等，长3～6cm，先端钝尖，基部圆形，边缘具密波状浅齿，发叶时显红色；叶柄侧扁。柔荑花序下垂；雄花序较雌花序稍早开放。蒴果卵状圆锥形，有短柄，2瓣裂。花期3～4月，果期4～5月。分布于北京各区山地。

中国黄花柳
Salix sinica

杨柳科 Salicaceae
柳属 *Salix*

灌木或小乔木；叶互生，叶形多变化，一般为椭圆形，长 3.5～6cm，宽 1.5～2.5cm，羽状脉，先端短渐尖，基部楔形，幼叶有毛，后无毛，叶表面暗绿色，背面发白色，多全缘，在萌枝或小枝上部的叶较大，并常有皱纹，边缘有不规整齿牙，叶背有毛。具托叶，多有锯齿柔荑花序，花先叶开放。蒴果线状圆锥形，种子小，多暗褐色。花期 4 月下旬，果期 5 月下旬。分布于北京各区山地。

旱柳
Salix matsudana

杨柳科 Salicaceae
柳属 *Salix*

乔木；高达 18m。树冠广圆形，枝条直立。叶披针形，长 5～10cm，宽 1～1.5cm，先端长渐尖，基部窄圆形，叶表面绿色，背面苍白色，有细腺锯齿缘；托叶披针形，边缘有细腺锯齿。花序与叶同时开放；雄花序圆柱形；苞片卵形，黄绿色，先端钝；雌花序较雄花序短。果序长达 2cm。花期 4 月，果期 4～5 月。分布于北京各区平原及低山区。

裂叶堇菜
Viola dissecta

堇菜科 Violaceae
堇菜属 *Viola*

多年生草本；无地上茎，花期高 3~17cm，果期高 4~34cm。基生叶叶片轮廓呈圆形，长 1.2~9cm，宽 1.5~10cm，掌状 3~5 全裂，两侧裂片具短柄，常 2 深裂，中裂片 3 深裂，小裂片条形；托叶近膜质，苍白色至淡绿色。花较大，淡紫色至紫堇色；萼片卵形、长圆状卵形或披针形，具 3 脉，上方花瓣长倒卵形，侧方花瓣长圆状倒卵形，蒴果长圆形，果皮坚、硬。花期 4~9 月，果期 5~10 月。分布于北京各区山地。

160

紫花地丁
Viola philippica

堇菜科 Violaceae
堇菜属 *Viola*

多年生草本；高4~14cm。叶多数，基生，莲座状；叶片下部者通常较小，呈三角状卵形，上部者较长，呈长圆形，长1.5~4cm，宽0.5~1cm，先端圆钝，基部截形，边缘具圆齿；托叶膜质，苍白色或淡绿色。花中等大，紫堇色或淡紫色；花瓣倒卵形。蒴果长圆形；种子卵球形，淡黄色。花果期4~9月。分布于北京各区平原地区。

早开堇菜
Viola prionantha

堇菜科 Violaceae
堇菜属 *Viola*

多年生草本；高3～20cm。叶多数，均基生；叶片在花期呈长圆状卵形，先端稍尖，基部微心形，幼叶两侧通常向内卷折，边缘密生细圆齿；托叶苍白色或淡绿色。花大，紫堇色或淡紫色，喉部色淡并有紫色条纹，无香味；萼片披针形；上方花瓣倒卵形。蒴果长椭圆形。种子多数，卵球形，深褐色，常有棕色斑点。花果期4～9月。分布于北京各区平原和低山区。

162

西山堇菜
Viola hancockii

堇菜科 Violaceae
堇菜属 *Viola*

多年生草本；高 10~15cm。叶多数，基生；叶片卵状心形，长 2~6cm，宽 2~4cm，先端急尖，基部深心形，边缘具整齐钝锯齿，叶脉明显隆起；托叶白色，长 1~1.3cm，宽约 4mm，离生部分宽披针形。花近白色，大形；小苞片互生，线形；萼片披针形；花瓣长圆状倒卵形。果实长圆状，无毛。花期 4~5 月。分布于北京各区山地。

鸡腿堇菜
Viola acuminata

堇菜科 Violaceae
堇菜属 *Viola*

多年生草本；茎高 10～40cm。叶片心形，长 1.5～5.5cm，宽 1.5～4.5cm，先端锐尖，基部通常心形，边缘具钝锯齿及短缘毛，沿叶脉被疏柔毛；托叶草质，羽状深裂呈流苏状。花淡紫色或近白色，下瓣里面常有紫色脉纹；花距呈囊状，末端钝。蒴果椭圆形，通常有黄褐色腺点。花果期 5～9 月。分布于北京各区山地。

黄海棠
Hypericum ascyron

金丝桃科 Hypericaceae
金丝桃属 *Hypericum*

多年生草本；高 0.5～1.3m。枝条明显具 4 纵线棱。叶片披针形，长 4～10cm，宽 1～2.7cm，先端渐尖，基部楔形而抱茎，纸质，叶表面绿色，背面通常淡绿色。花序具多数花，顶生，近伞房状。花平展或外反；花蕾卵珠形；萼片卵形，果期宿存。花瓣金黄色，倒披针形。蒴果为卵珠形，棕褐色，成熟后先端 5 裂。花期 7～8 月，果期 8～9 月。分布于北京门头沟、延庆、怀柔、房山、密云区。

牻牛儿苗
Erodium stephanianum

牻牛儿苗科 Geraniaceae
牻牛儿苗属 *Erodium*

多年生草本；高通常 15～50cm。叶对生；托叶三角状披针形，分离；叶片轮廓卵形，基部心形，长 5～10cm，宽 3～5cm，二回羽状深裂，小裂片卵状条形。伞形花序腋生，每梗具 2～5 花；萼片矩圆状卵形，花瓣紫红色，倒卵形，先端圆形。蒴果，密被短糙毛。种子褐色，具斑点。花期 6～8 月，果期 8～9 月。分布于北京门头沟、房山、怀柔区。

166

鼠掌老鹳草
Geranium sibiricum

牻牛儿苗科 Geraniaceae
老鹳草属 *Geranium*

一年生或多年生草本；高30~70cm。茎具棱槽。叶对生；托叶披针形，棕褐色，基部抱茎；基生叶和茎下部叶具长柄；下部叶片肾状五角形，基部宽心形，长3~6cm，宽4~8cm，掌状5深裂，裂片倒卵形，中部以上齿状羽裂，下部楔形；上部叶片具短柄，3~5裂。萼片卵状；花瓣倒卵形，淡紫色或白色。种子肾状椭圆形，黑色。花期6~7月，果期8~9月。分布于北京各区山地。

毛蕊老鹳草
Geranium platyanthum

牻牛儿苗科 Geraniaceae
老鹳草属 *Geranium*

多年生草本；高 30～80cm。叶基生和茎上互生；托叶三角状披针形；叶片五角状肾圆形，长 5～8cm，宽 8～15cm，掌状 5 裂，裂片菱状卵形。伞形聚伞花序，长于叶，总花梗具 2～4 花；苞片钻状；萼片长卵形；花瓣淡紫红色，宽倒卵形，经常向上反折，具深紫色脉纹。蒴果被腺毛。种子肾圆形，灰褐色。花期 6～7 月，果期 8～9 月。分布于北京门头沟、延庆、怀柔、房山、密云区。

168

深山露珠草
Circaea alpina subsp. *caulescens*

柳叶菜科 Onagraceae
露珠草属 *Circaea*

草本；植株高5～35cm。叶不透明，卵形、阔卵形至近三角形，长1.2～4.5cm，宽0.6～3.5cm，基部圆形，先端急尖，边缘具齿牙。花于花序伸长时或停止伸长后开放，排列稀疏。萼片狭卵形；花瓣白色或粉红色，倒卵形，花瓣裂片圆形。果实上之钩状毛不具色素。花期6～9月，果期7～9月。分布于北京门头沟、房山区。

柳叶菜
Epilobium hirsutum

柳叶菜科 Onagraceae
柳叶菜属 _Epilobium_

多年生粗壮草本；高25~120cm。叶草质，对生；茎生叶披针状椭圆形，长4~12cm，宽0.3~3.5cm，先端锐尖，基部近楔形，边缘具细锯齿。总状花序直立；苞片叶状。花直立，花蕾卵状长圆形；萼片长圆状线形；花瓣常玫瑰红色，或粉红、紫红色。蒴果；种子倒卵状，深褐色，表面具粗乳突。花期6~8月，果期7~9月。分布于北京门头沟、延庆、房山、怀柔、密云区。

170

盐肤木
Rhus chinensis

漆树科 Anacardiaceae
盐肤木属 *Rhus*

落叶小乔木或灌木；植株有白色乳汁。奇数羽状复叶，有小叶3~6对，秋季变红，叶轴及叶柄有翅；小叶多形，卵形或椭圆状卵形或长圆形，长6~12cm，宽3~7cm，先端急尖，基部圆形，叶面暗绿色，叶背粉绿色，被白粉。圆锥花序，多分枝，花白色，雄花花瓣倒卵状长圆形，开花时外卷；雌花花瓣椭圆状卵形，边缘具细睫毛。核果球形，被毛，成熟时红色。花期8~9月，果期10月。分布于北京房山、门头沟、昌平、延庆、怀柔、平谷区。

火炬树
Rhus typhina

漆树科 Anacardiaceae
盐麸木属 *Rhus*

乔木；高达 12m。植株有乳汁；枝叶均密生柔毛；奇数羽状复叶，互生，小叶 19 ~ 25 枚，长 4 ~ 8cm，长椭圆状披针形，先端长渐尖，边缘有锐锯齿；雌雄异株，圆锥花黄绿色；其果穗多而大，聚生为紧密的火炬形果序，故名"火炬树"。花期 6 ~ 7 月，果期 9 ~ 10 月。分布于北京各区低山地区。

黄连木
Pistacia chinensis

漆树科 Anacardiaceae
黄连木属 *Pistacia*

落叶乔木；高达20余米。奇数羽状复叶互生，有小叶5～6对，叶轴具条纹，被微柔毛；小叶对生或近对生，纸质，披针形，长5～10cm，宽1.5～2.5cm，先端长渐尖，基部偏斜，全缘。花单性异株，先花后叶，圆锥花序腋生；花小；苞片披针形。核果倒卵状球形，成熟时紫红色，干后具纵向细条纹。分布于北京海淀、房山、门头沟区。

黄栌
Cotinus coggygria var. *cinereus*

漆树科 Anacardiaceae
黄栌属 *Cotinus*

灌木；高 3～5m。揉碎后有特殊气味。叶倒卵形，长 3～8cm，宽 2.5～6cm，先端圆形，基部圆形，全缘，叶背显著被灰色柔毛，侧脉 6～11 对，先端常叉开。圆锥花序被柔毛；花瓣卵形；果序上有许多伸长成紫色羽毛状的不孕性花梗；果肾形，无毛。分布于北京各区山地。

174

元宝槭
Acer truncatum

无患子科 Sapindaceae
槭属 *Acer*

乔木；高 8~10m。叶纸质，长 5~10cm，宽 8~12cm，常 5 裂，基部截形。花黄绿色，杂性，雄花与两性花同株，伞房花序；萼片 5，黄绿色，长圆形；花瓣 5，淡黄色或淡白色，长圆倒卵形。翅果嫩时淡绿色，成熟时淡黄色，常成下垂的伞房果序；果实系 2 枚相连的小坚果，压扁状，翅长圆形，两侧平行，张开成钝角。花期 4 月，果期 8 月。分布于北京各区山地。

栾
Koelreuteria paniculata

无患子科 Sapindaceae
栾属 *Koelreuteria*

落叶乔木或灌木；高达 15～25m。一回或二回羽状复叶；小叶 11～18 片，对生或互生，纸质，卵形，长 5～10cm，宽 3～6cm，顶端短渐尖，基部近截形，边缘有锯齿。聚伞圆锥花序；花淡黄色；萼裂片卵形；花瓣 4，开花时向外反折，线状长圆形，瓣片基部的鳞片初时黄色，开花时橙红色。蒴果圆锥形，具 3 棱，果瓣卵形；种子近球形。花期 6～8 月，果期 9～10 月。分布于北京各区山地。

176

臭椿
Ailanthus altissima

苦木科 Simaroubaceae
臭椿属 *Ailanthus*

乔木；高达 20 余米。叶为奇数羽状复叶；小叶对生或近对生，纸质，卵状披针形，长 7～13cm，宽 2.5～4cm，先端长渐尖，基部偏斜，两侧各具粗锯齿，齿背有腺体 1 个，叶面深绿色，背面灰绿色，柔碎后有臭味。圆锥花序；花淡绿色；萼片 5，覆瓦状排列；花瓣 5。翅果长椭圆形；种子位于翅的中间，扁圆形。花期 4～5 月，果期 8～10 月。分布于北京各区山地。

花旗杆
Dontostemon dentatus

十字花科 Brassicaceae
花旗杆属 *Dontostemon*

二年生草本；高 15～50cm。叶椭圆状披针形，长 3～6cm，宽 3～12mm，边缘有少数疏齿牙。总状花序生枝顶，结果时长 10～20cm；萼片椭圆形；花瓣淡紫色，倒卵形，顶端钝。长角果长圆柱形，光滑无毛，宿存花柱短，顶端微凹。种子棕色，长椭圆形。花期 5～7 月，果期 7～8 月。分布于北京昌平、延庆、怀柔、房山、密云、平谷区。

178

糖芥
Erysimum amurense

十字花科 Brassicaceae
糖芥属 *Erysimum*

一年或二年生草本；高 30～60cm。茎具棱角。叶披针形或长圆状线形，基生叶长 5～15cm，宽 5～20mm，顶端急尖，基部渐狭，全缘，两面有 2 叉毛。总状花序顶生，有多数花；花瓣橘黄色，倒披针形。长角果线形，稍呈四棱形；果梗斜上开展。种子每室 1 行，长圆形，侧扁，深红褐色。花期 6～8 月，果期 7～9 月。分布于北京各区山地。

豆瓣菜
Nasturtium officinale

十字花科 Brassicaceae
豆瓣菜属 *Nasturtium*

水生草本；单数羽状复叶，小叶3～7枚，宽卵形，顶端1片较大，长2～3cm，宽1.5～2.5cm，钝头，基部截平。总状花序顶生，花多数；萼片基部略呈囊状；花瓣白色，倒卵形，具脉纹。长角果圆柱形而扁；果柄纤细。种子卵形，红褐色，表面具网纹。花期4～5月，果期6～7月。分布于北京各区平原和低山区。

180

白花碎米荠
Cardamine leucantha

十字花科 Brassicaceae
碎米荠属 *Cardamine*

多年生草本；高 30～75cm。基生叶有长叶柄，小叶 2～3 对，顶生小叶卵形，长 3.5～5cm，宽 1～2cm，顶端渐尖，边缘有锯齿，基部阔楔形；茎中部小叶 2 对，茎上部小叶 1～2 对，小叶阔披针形。总状花序顶生；萼片长椭圆形；花瓣白色，长圆状楔形。长角果线形。种子长圆形，栗褐色。花期 4～7 月，果期 6～8 月。分布于北京各区山地。

荠
Capsella bursa-pastoris

十字花科 Brassicaceae
荠属 *Capsella*

一年或二年生草本；高 10～50cm。基生叶丛生呈莲座状，大头羽状分裂，长 12cm，宽 2.5cm，顶裂片卵形，侧裂片长圆形，长 5～15mm；茎生叶窄披针形，基部箭形，抱茎，边缘有缺刻或锯齿。总状花序顶生及腋生；萼片长圆形；花瓣白色，卵形。短角果倒三角形，扁平，裂瓣具网脉。种子长椭圆形，浅褐色。花果期 4～6月。分布于北京各区平原和低山区。

诸葛菜
Orychophragmus violaceus

十字花科 Brassicaceae
诸葛菜属 *Orychophragmus*

一年或二年生草本；茎浅绿色或带紫色。基生叶及下部茎生叶大头羽状全裂，顶裂片近圆形，有钝齿，侧裂片卵形，越向下越小；上部叶长圆形，顶端急尖，基部耳状，抱茎，边缘有不整齐齿牙。花紫色、浅红色或褪成白色；花萼筒状，紫色；花瓣宽倒卵形。长角果线形。种子卵形，稍扁平，黑棕色，有纵条纹。花期4~5月，果期5~6月。分布于北京各区平原和低山区。

播娘蒿
Descurainia sophia

十字花科 Brassicaceae
播娘蒿属 *Descurainia*

一年生草本；高 20~80cm。茎下部常呈淡紫色。叶为三回羽状深裂，长 2~12cm，末端裂片条形或长圆形，裂片长 3~5mm，宽 0.8~1.5mm。花序伞房状，果期伸长；萼片直立，早落，长圆条形；花瓣黄色，长圆状倒卵形。长角果圆筒状直立，种子长圆形，稍扁，淡红褐色，表面有细网纹。花期 4~5 月。分布于北京各区平原地区。

独行菜
Lepidium apetalum

十字花科 Brassicaceae
独行菜属 *Lepidium*

一年或二年生草本；高5~30cm。基生叶窄匙形，一回羽状浅裂或深裂，长3~5cm，宽1~1.5cm；茎上部叶线形。总状花序；萼片早落，卵形；花瓣不存或退化成丝状。短角果宽椭圆形，扁平，顶端微缺，上部有短翅；果梗弧形。种子椭圆形，平滑，棕红色。花果期5~7月。分布于北京各区平原地区。

野西瓜苗
Hibiscus trionum

锦葵科 Malvaceae
木槿属 *Hibiscus*

一年生直立或平卧草本；高 25～70cm。叶二型，下部的叶圆形，不分裂，上部的叶掌状 3～5 深裂，通常羽状全裂；托叶线形，被星状粗硬毛。花单生于叶腋，花梗被星状粗硬毛；花萼钟形，淡绿色，具纵向紫色条纹；花淡黄色，内面基部紫色，花瓣 5，倒卵形。蒴果长圆状球形，被粗硬毛，果皮薄，黑色；种子肾形，黑色，具腺状突起。花期 7～10 月。分布于北京各区平原地区。

186

小花扁担杆
Grewia biloba var. *parviflora*

锦葵科 Malvaceae
扁担杆属 *Grewia*

灌木或小乔木；高1~4m。嫩枝被粗毛。叶薄革质，倒卵状椭圆形，长4~9cm，宽2.5~4cm，先端锐尖，基部楔形或钝，基出脉3条，边缘有细锯齿；托叶钻形，叶下面密被黄褐色软柔毛。聚伞花序腋生，多花；苞片钻形；萼片狭长圆形；花瓣长1~1.5mm。核果红色，有4颗分核。花期5~7月。分布于北京各区山地。

苘麻
Abutilon theophrasti

锦葵科 Malvaceae
苘麻属 *Abutilon*

一年生亚灌木状草本；高达 1 ~ 2m。叶互生，圆心形，长 5 ~ 10cm，先端长渐尖，基部心形，边缘具细圆锯齿，两面均密被星状柔毛；托叶早落。花单生于叶腋，近顶端具节；花萼杯状，裂片 5，卵形；花黄色，花瓣倒卵形。蒴果半球形，分果爿 15 ~ 20，顶端具长芒；种子肾形，褐色。花期 7 ~ 8 月。分布于北京各区平原地区。

紫椴
Tilia amurensis

锦葵科 Malvaceae
椴属 *Tilia*

乔木；高达25m。树皮暗灰色，片状脱落；嫩枝有白丝毛，顶芽无毛，带3片鳞苞。叶阔卵形或卵圆形，长4.5～6cm，宽4～5.5cm，基部心形，侧脉4～5对，边缘有锯齿，叶柄无毛。聚伞花序长3～5cm，有3～20朵花，花柄7～10mm；苞片狭带形，长3～7cm。果实卵圆形，长5～8mm，表面被星状茸毛。花期7月。北京各地有引种。

扛板归
Persicaria perfoliata

蓼科 Polygonaceae
蓼属 *Persicaria*

一年生草本；茎具纵棱，沿棱具倒生皮刺。叶三角形，顶端微尖，基部微心形，薄纸质，下面沿叶脉疏生皮刺；叶柄盾状着生，托叶鞘叶状，草质，穿叶。总状花序呈短穗状；苞片卵圆形，每苞片内具花2～4朵；花被5深裂，白色或淡红色，花被片椭圆形，果时增大，呈肉质，深蓝色。瘦果球形，黑色。花期6～8月，果期7～10月。分布于北京海淀、房山、延庆、密云区。

拳参
Bistorta officinalis

蓼科 Polygonaceae
拳参属 *Bistorta*

多年生草本；茎直立，高 50～90cm。基生叶宽披针形，纸质，长 4～18cm，宽 2～5cm；顶端渐尖，基部截形，沿叶柄下延成翅，边缘外卷，微呈波状；茎生叶披针形；托叶筒状，下部绿色，上部褐色。总状花序呈穗状，顶生，紧密；花被 5 深裂，白色或淡红色，花被片椭圆形。瘦果椭圆形，两端尖，褐色，有光泽。花期 6～7 月，果期 8～9 月。分布于北京房山、昌平、延庆、密云区。

叉分蓼
Koenigia divaricata

蓼科 Polygonaceae
冰岛蓼属 *Koenigia*

多年生草本；茎直立，高70～120cm，分枝呈叉状，开展，植株外形呈球形。叶披针形，长5～12cm，宽0.5～2cm，顶端急尖，基部楔形，边缘通常具短缘毛；托叶鞘膜质，偏斜，开裂。花序圆锥状，分枝开展；花被5深裂，白色，花被片椭圆形。瘦果宽椭圆形，具3锐棱，黄褐色，有光泽。花期7～8月，果期8～9月。分布于北京各区山地。

荞麦
Fagopyrum esculentum

蓼科 Polygonaceae
荞麦属 *Fagopyrum*

一年生草本；茎高 30～90cm，上部分枝，绿色或红色，具纵棱。叶三角形，长 2.5～7cm，宽 2～5cm，顶端渐尖，基部心形，两面沿叶脉具乳头状突起。花序总状或伞房状，花序梗一侧具小突起；苞片卵形，绿色，每苞内具 3～5 花；花被 5 深裂，白色或淡红色，花被片椭圆形。瘦果卵形，具 3 锐棱，顶端渐尖，暗褐色。花期 5～9 月，果期 6～10 月。分布于北京各区山地。

齿翅蓼
Fallopia dentatoalata

蓼科 Polygonaceae
藤蓼属 *Fallopia*

一年生草本。茎缠绕，具纵棱，沿棱密生小突起。叶互生，卵形，长 3～6cm，宽 2.5～4cm，沿叶脉具小突起，边缘全缘，具小突起。花序总状；花被 5 深裂，红色；花被片外面 3 片背部具翅，翅具齿；花被果时外形呈倒卵形；瘦果椭圆形，具 3 棱，黑色，密被小颗粒。花期 7～8 月，果期 9～10 月。分布于北京各区山地。

尼泊尔蓼
Persicaria nepalensis

蓼科 Polygonaceae
蓼属 *Persicaria*

一年生草本；高 20~40cm。茎下部叶卵形，长 3~5cm，宽 2~4cm，顶端急尖，基部宽楔形，沿叶柄下延成翅，疏生黄色透明腺点；叶托叶鞘筒状，基部具刺毛。花序头状，基部常具 1 叶状总苞片；苞片卵状椭圆形，每苞内具 1 花；花被通常 4 裂，淡紫红色或白色，花被片长圆形。瘦果宽卵形，黑色，密生洼点。花期 5~8 月，果期 7~10 月。分布于北京各区山地。

萹蓄
Polygonum aviculare

蓼科 Polygonaceae
萹蓄属 *Polygonum*

一年生草本；茎具纵棱。叶互生，椭圆形，长1～4cm，宽3～12mm，顶端钝圆，基部楔形；托叶鞘膜质，下部褐色，上部白色，撕裂脉明显。花单生或数朵簇生于叶腋，遍布于植株；花被5深裂，花被片椭圆形，绿色，边缘白色或淡红色。瘦果卵形，具3棱，黑褐色，密被由小点组成的细条纹。花期5～7月，果期6～8月。分布于北京各区平原和低山区。

酸模
Rumex acetosa

蓼科 Polygonaceae
酸模属 *Rumex*

多年生草本；茎具深沟槽，高 40～100cm。基生叶和茎下部叶箭形，长 3～12cm，宽 2～4cm，顶端急尖。花序狭圆锥状，顶生；花单性，雌雄异株；花被片 6，成 2 轮；雌花内花被片果时增大，基部具极小的小瘤，外花被片椭圆形，反折，瘦果椭圆形，具 3 锐棱，两端尖，黑褐色。花期 5～7 月，果期 6～8 月。分布于北京房山、门头沟、延庆、怀柔、密云区。

石竹
Dianthus chinensis

石竹科 Caryophyllaceae
石竹属 *Dianthus*

多年生草本；高 30~50cm。全株无毛，带粉绿色。叶片线状披针形，长 3~5cm，宽 2~4mm，顶端渐尖。聚伞花序；花萼圆筒形，有纵条纹，萼齿披针形；花瓣瓣片倒卵状三角形，紫红色、粉红色、鲜红色或白色。蒴果圆筒形，包于宿存萼内，顶端 4 裂；种子黑色，扁圆形。花期 5~6 月，果期 7~9 月。分布于北京各区山地。

沼生繁缕
Stellaria palustris

石竹科 Caryophyllaceae
繁缕属 *Stellaria*

多年生草本；高20～35cm。叶片线状披针形，长2～4.5cm，宽2～4mm，顶端尖，基部稍狭，边缘具短缘毛，带粉绿色。二歧聚伞花序，花序梗长7～10cm；花瓣白色，2深裂近基部，基部稍狭，顶端钝尖。蒴果卵状长圆形，具多数种子；种子近圆形，暗棕色或黑褐色，表面具明显的皱纹状突起。花期6～7月，果期7～8月。分布于北京门头沟、怀柔、延庆、房山区。

卷耳
Cerastium arvense subsp. *strictum*

石竹科 Caryophyllaceae
卷耳属 *Cerastium*

多年生草本；高 10~35cm。叶片线状披针形，长 1~2.5cm，宽 1.5~4mm，顶端急尖，基部楔形，抱茎。聚伞花序顶生，具 3~7 花；苞片披针形，草质；萼片 5，披针形；花瓣 5，白色，倒卵形，花瓣裂至 1/3。蒴果长圆形；种子肾形，褐色，具瘤状突起。花期 5~8 月，果期 7~9 月。分布于北京门头沟、延庆、房山区。

200

石生蝇子草
Silene tatarinowii

石竹科 Caryophyllaceae
蝇子草属 *Silene*

多年生草本。叶片披针形，长 2～5cm，宽 5～15mm，基部宽楔形，顶端长渐尖，具 1 或 3 条基出脉。二歧聚伞花序疏松，大型；花梗细，长 8～30mm，被短柔毛；花萼筒状棒形，纵脉绿色；花瓣白色，轮廓倒披针形。蒴果卵形；种子肾形，红褐色至灰褐色。花期 7～8 月，果期 8～10 月。分布于北京各区山地。

坚硬女娄菜
Silene firma

石竹科 Caryophyllaceae
蝇子草属 *Silene*

一年生或二年生草本；高 50～100cm。全株无毛。叶片椭圆状披针形，长 4～10cm，宽 8～25mm，顶端急尖。假轮伞状间断式总状花序；花萼卵状钟形，果期微膨大，脉绿色，萼齿狭三角形；花瓣白色，不露出花萼，瓣片轮廓倒卵形，2 裂。蒴果长卵形，比宿存萼短；种子圆肾形，灰褐色，具棘凸。花期 6～7 月，果期 7～8 月。分布于北京房山、门头沟、延庆、怀柔、密云区。

反枝苋
Amaranthus retroflexus

苋科 Amaranthaceae
苋属 *Amaranthus*

一年生草本。茎带紫色条纹，稍具钝棱。叶互生，菱状卵形，顶端锐尖，有小凸尖；叶柄淡绿色，有时淡紫色。花单性，圆锥花序顶；花被片矩圆形，白色，有1淡绿色细中脉。胞果扁卵形，环状横裂，薄膜质，淡绿色，包裹在宿存花被片内。种子近球形，棕色或黑色，边缘钝。花期7~8月，果期8~9月。分布于北京各区平原和低山区。

藜
Chenopodium album

苋科 Amaranthaceae
藜属 *Chenopodium*

一年生草本；高 30～150cm。棱具绿色或紫红色色条。叶片菱状卵形，长 3～6cm，宽 2.5～5cm，上面通常无粉，有时嫩叶的上面有紫红色粉，下面有粉。花两性，花簇于枝上部排列成或大或小的穗状圆锥状或圆锥状花序；花被裂片 5，宽卵形，有粉；雄蕊 5。种子横生，双凸镜状，黑色，有光泽，表面具纹。花果期 5～10 月。分布于北京各区平原和低山区。

猪毛菜
Salsola collina

苋科 Amaranthaceae
猪毛菜属 *Salsola*

一年生草本；高 20～100cm。茎、枝绿色，有白色或紫红色条纹。叶片丝状圆柱形，长 2～5cm，宽 0.5～1.5mm，生短硬毛，顶端有刺状尖。花序穗状，生枝条上部；花被片卵状披针形，顶端尖，果时变硬；花被片果时背面具不规则的突起。种子横生或斜生。花期 7～9 月，果期 9～10 月。分布于北京各区平原和低山区。

地肤
Bassia scoparia

苋科 Amaranthaceae
沙冰藜属 *Bassia*

一年生草本；高达 1m。叶扁平，线状披针形，长 2～5cm，宽 3～7mm，先端短渐尖，基部渐窄呈短柄，常具 3 主脉；花两性兼有雌性，常 1～3 朵簇生上部叶腋；花下有较密的束生锈色柔毛；花被近球形，5 深裂，裂片近角形；胞果扁，果皮膜质；种子卵形。花期 6～9 月，果期 7～10 月。分布于北京各区平原和低山区。

206

马齿苋
Portulaca oleracea

马齿苋科 Portulacaceae
马齿苋属 *Portulaca*

一年生草本；全株无毛。叶互生，有时近对生，叶片扁平，肥厚，倒卵形，似马齿状，长 1~3cm，宽 0.6~1.5cm，顶端平截，基部楔形，全缘，上面暗绿色，下面淡绿色或暗红色。常 3~5 朵簇生枝端；苞片叶状，近轮生；萼片对生，绿色，盔形；花瓣 5，黄色，倒卵形。蒴果卵球形；种子细小，黑褐色，具小疣状突起。花期 5~8 月，果期 6~9 月。分布于北京各区平原地区。

钩齿溲疏
Deutzia baroniana

绣球科 Hydrangeaceae
溲疏属 *Deutzia*

灌木；高 0.3～1m。花枝长 1～4cm，具 2～4 叶，具棱，浅褐色，被星状毛。叶纸质，卵状椭圆形，宽 1.5～3cm，先端急尖，基部楔形，边缘具锯齿，叶背面绿色。聚伞花序，具 2～3 花或花单生；花蕾长圆形；萼筒杯状；花瓣白色，倒卵状长圆形。蒴果半球形，密被星状毛，具宿存的萼裂片外弯。花期 4～5 月，果期 9～10 月。分布于北京房山、门头沟、延庆、怀柔、密云区。

大花溲疏
Deutzia grandiflora

绣球科 Hydrangeaceae
溲疏属 *Deutzia*

灌木；高约 2m。叶纸质，椭圆状卵形，长 2～5.5cm，宽 1～3.5cm，先端急尖，基部楔形，边缘具锯齿，下面灰白色，叶柄被星状毛。聚伞花序，具花数朵；花冠直径 2～2.5cm；花蕾长圆形；萼筒浅杯状；花瓣白色，长圆形，先端圆形，花蕾时内向镊合状排列。花期 4～6 月，果期 9～11 月。产于北京各区低山地区。

东陵绣球
Hydrangea bretschneideri

绣球科 Hydrangeaceae
绣球属 *Hydrangea*

灌木；高1~3m。树皮较薄，常呈薄片状剥落。叶薄纸质，卵形，长7~16cm，宽2.5~7cm，先端渐尖，具短尖头，基部阔楔形，边缘有具硬尖头的锯形齿。伞房状聚伞花序；不育花萼片4，椭圆形；孕性花萼筒杯状；花瓣白色，卵状披针形或长圆形。蒴果卵球形；种子淡褐色，狭椭圆形，略扁，两端各具翅。花期6~7月，果期9~10月。分布于北京房山、门头沟、昌平、延庆、怀柔、密云、平谷区。

太平花
Philadelphus pekinensis

绣球科 Hydrangeaceae
山梅花属 *Philadelphus*

灌木；高1~2m。叶阔椭圆形，长6~9cm，宽2.5~4.5cm，先端长渐尖，基部阔楔形，边缘具锯齿；叶脉离基出3~5条；花枝上叶较小，椭圆形。总状花序有花5~7朵；花序轴长3~5cm，黄绿色，无毛；花萼黄绿色；花冠盘状；花瓣白色，倒卵形。蒴果近球形，宿存萼裂片近顶生；种子具短尾。花期5~7月，果期8~10月。分布于北京各区山地。

水金凤
Impatiens noli-tangere

凤仙花科 Balsaminaceae
凤仙花属 *Impatiens*

一年生草本；高 40~70cm。茎下部节常膨大，有多数纤维状根。叶互生；叶片卵形，长 3~8cm，宽 1.5~4cm，先端钝，基部圆钝，边缘有齿，齿端具小尖。总花梗具 2~4 花，排列呈总状花序；花黄色；旗瓣圆形，唇瓣宽漏斗状，喉部散生橙红色斑点。雄蕊 5。蒴果线状圆柱形。种子多数，长圆球形，褐色，光滑。花期 7~9 月。分布于北京各区山地。

花荵
Polemonium caeruleum

花荵科 Polemoniaceae
花荵属 *Polemonium*

多年生草本；高 0.5～1m。奇数羽状复叶互生，茎下部叶长可达 20cm，茎上部叶长 7～14cm，小叶互生，长卵形，长 1.5～4cm，宽 0.5～1.4cm，顶端锐尖，基部近圆形，全缘。聚伞圆锥花序顶生或上部叶腋生，疏生多花；花萼钟状，与萼筒近等长；花冠紫蓝色，钟状。蒴果卵形。种子褐色，纺锤形。分布于北京门头沟、延庆、房山区。

狭叶珍珠菜
Lysimachia pentapetala

报春花科 Primulaceae
珍珠菜属 *Lysimachia*

一年生草本；茎密被褐色腺体。叶互生，狭披针形，长 2~7cm，宽 2~8mm，先端锐尖，基部楔形，上面绿色，下面粉绿色，有褐色腺点。总状花序顶生，初时因花密集而呈圆头状，后渐伸长。花冠白色，裂片匙形或倒披针形。蒴果球形。花期 7~8 月，果期 8~9 月。分布于北京各区山地。

君迁子
Diospyros lotus

柿科 Ebenaceae
柿属 *Diospyros*

落叶乔木；高可达 30m。叶近膜质，椭圆形，长5～13cm，宽2.5～6cm，先端渐尖，基部钝，宽楔形，上面深绿色，下面绿色或粉绿色。雄花1～3朵腋生；花萼钟形；花冠壶形，带红色或淡黄色；雌花单生，淡绿色或带红色。果近球形，初熟时为淡黄色，后则变为蓝黑色，常被有白色薄蜡层；种子长圆形，褐色；宿存萼4裂。花期5～6月，果期10～11月。分布于北京各区平原和低山区。

柿
Diospyros kaki

柿科 Ebenaceae
柿属 *Diospyros*

落叶大乔木；高达 10～14m。叶纸质，倒卵形，长 5～18cm，宽 2.8～9cm，先端渐尖，基部楔形，新叶疏生柔毛，老叶上面有光泽，深绿色，无毛，下面绿色。花雌雄异株，聚伞花序。果实球形而略呈方形，基部有棱，嫩时绿色，后变黄色、橙黄色，果肉较脆硬，老熟时果肉柔软多汁，呈橙红色或大红色；种子褐色，椭圆状。花期 5～6 月，果期 9～10 月。分布于北京各区山地。

216

点地梅
Androsace umbellata

报春花科 Primulaceae
点地梅属 *Androsace*

一年生或二年生草本；叶全部基生，叶片近圆形，先端钝圆，基部浅心形，边缘具三角状钝齿牙。花葶通常数枚自叶丛中抽出，高4～15cm。伞形花序4～15花；苞片卵形，长3.5～4mm；花萼杯状，裂片菱状卵圆形；花冠白色，喉部黄色，裂片倒卵状长圆形。蒴果近球形，果皮白色，近膜质。花期2～4月，果期5～6月。分布于北京各区平原和低山区。

迎红杜鹃
Rhododendron mucronulatum

杜鹃花科 Ericaceae
杜鹃花属 *Rhododendron*

落叶灌木；幼枝细长，疏生鳞片。叶片质薄，椭圆形，长3～7cm，宽1～3.5cm，顶端锐尖，基部楔形或钝。花序腋生枝顶或假顶生，1～3花，先叶开放，伞形着生；花芽鳞宿存；花萼常5裂，被鳞片；花冠宽漏斗状，淡红紫色。蒴果长圆形，先端5瓣开裂。花期4～6月，果期5～7月。分布于北京各区平原和低山区。

218

照山白
Rhododendron micranthum

杜鹃花科 Ericaceae
杜鹃花属 *Rhododendron*

常绿灌木；高可达 2.5m。叶近革质，倒披针形，长 3~4cm，宽 0.4~1.2cm，顶端钝，具小突尖，基部狭楔形，上面深绿色，有光泽，常被疏鳞片，下面黄绿色，被棕色有宽边鳞片；生叶后开花，花白色，花冠钟状，外面被鳞片。蒴果长圆形。花期 5~6 月，果期 8~11 月。分布于北京各区平原和低山区。

薄皮木
Leptodermis oblonga

茜草科 Rubiaceae
野丁香属 *Leptodermis*

灌木；高 0.2～1m。叶纸质，披针形，长 0.7～2.5cm，宽 0.3～1cm，顶端渐尖，基部渐狭；托叶基部阔三角形，顶端骤尖，尖头硬。花无梗，常 3～7 朵簇生枝顶，很少在小枝上部腋生；花冠淡紫红色，漏斗状，冠管狭长。蒴果，种子有网状、与种皮分离的假种皮。花期 6～8 月，果期 10 月。分布于北京各区低山地区。

鸡屎藤
Paederia foetida

茜草科 Rubiaceae
鸡屎藤属 *Paederia*

藤状灌木；揉之发出强烈的臭味。叶对生，膜质，卵形，顶端短尖，基部浑圆，有时心形；托叶卵状披针形。圆锥花序腋生或顶生，长6~18cm，扩展；花有小梗，生于柔弱的三歧常作蝎尾状的聚伞花序上；花萼钟形；花冠紫蓝色。果阔椭圆形，压扁，光亮；小坚果浅黑色，具1阔翅。花期5~6月。分布于北京各区山地。

茜草
Rubia cordifolia

茜草科 Rubiaceae
茜草属 *Rubia*

草质攀缘藤本；长1.5～3.5m。根状茎和其节上的须根均红色；茎数至多条，从根状茎的节上发出，细长，方柱形，有4棱，棱上生倒生皮刺。叶通常4片轮生，纸质，披针形，边缘有齿状皮刺，脉上有微小皮刺；基出脉3条。聚伞花序腋生和顶生，多回分枝，有花数十朵；花冠淡黄色，花冠裂片近卵形。果球形，成熟时橘黄色。花期8～9月，果期10～11月。分布于北京各区平原和低山区。

瘤毛獐牙菜
Swertia pseudochinensis

龙胆科 Gentianaceae
獐牙菜属 *Swertia*

一年生草本；高 10～15cm。茎四棱形，棱上有窄翅。叶片线状披针形，长达 3.5cm，宽至 0.6cm。圆锥状复聚伞花序多花，开展；花梗四棱形；花 5 数；花萼绿色；花冠蓝紫色，具深色脉纹，裂片披针形，先端锐尖，边缘具长柔毛状流苏，流苏表面有瘤状突起。花期 8～9 月。分布于北京房山、门头沟、密云区。

扁蕾
Gentianopsis barbata

龙胆科 Gentianaceae
扁蕾属 *Gentianopsis*

草本；高 8~40cm。茎直立，单生，条棱明显，常带紫色。基生叶多对，匙形或线状倒披针形，长 0.7~4cm，宽 0.4~1cm，先端圆形，边缘具乳突。茎生叶无柄，狭披针形。花单生，花萼筒状，裂片异形。花冠筒状漏斗形，黄白色，檐部蓝色，长 2.5~5cm。蒴果具短柄，种子褐色，长约 1mm。花果期 7~9 月。分布于北京房山、昌平、延庆、密云区，生于山坡草地。

白首乌
Cynanchum bungei

夹竹桃科 Apocynaceae
鹅绒藤属 *Cynanchum*

攀缘性半灌木；叶对生，戟形，长 3～8cm，基部宽 1～5cm，顶端渐尖，基部心形。伞形聚伞花序腋生；花萼裂片披针形；花冠白色，裂片长圆形；副花冠 5 深裂，裂片呈披针形。蓇葖果单生或双生，披针形；种子卵形；种毛白色绢质。花期 6～7 月，果期 7～10 月。分布于北京各区山地。

萝藦
Cynanchum rostellatum

夹竹桃科 Apocynaceae
鹅绒藤属 *Cynanchum*

多年生草质藤本；长达8m，具乳汁；茎圆柱状，表面淡绿色，有纵条纹。叶膜质，卵状心形，长5～12cm，宽4～7cm，顶端短渐尖，基部心形，叶耳圆，叶面绿色，叶背粉绿色。总状聚伞花序；花冠白色，有淡紫红色斑；种子扁平，卵圆形，褐色，顶端具白色绢质种毛。花期7～8月，果期9～12月。分布于北京各区平原和低山区。

鹅绒藤
Cynanchum chinense

夹竹桃科 Apocynaceae
鹅绒藤属 *Cynanchum*

缠绕草本；叶对生，薄纸质，宽三角状心形，长4~9cm，宽4~7cm，顶端锐尖，基部心形，叶面深绿色，叶背苍白色。伞形聚伞花序腋生，两歧，着花约20朵；花冠白色，裂片长圆状披针形；副花冠二型，杯状。蓇葖果，细圆柱状；种子长圆形，顶端具毛。花期6~8月，果期8~10月。分布于北京各区平原和低山区。

地梢瓜
Cynanchum thesioides

夹竹桃科 Apocynaceae
鹅绒藤属 *Cynanchum*

直立半灌木；叶对生，线形，长3～5cm，宽2～5mm，叶背中脉隆起。伞形聚伞花序腋生；花萼外面被柔毛；花冠绿白色；副花冠杯状，裂片三角状披针形，渐尖。蓇葖果纺锤形，先端渐尖，中部膨大，长5～6cm，直径2cm；种子扁平，暗褐色，长8mm；种毛白色绢质，长2cm。花期5～8月，果期8～10月。分布于北京各区低山地区。

杠柳
Periploca sepium

夹竹桃科 Apocynaceae
杠柳属 *Periploca*

木质藤本；长可达 1.5m。有乳汁；叶卵状长圆形，长 5～9cm，宽 1.5～2.5cm，顶端渐尖，基部楔形。聚伞花序腋生，着花数朵；花萼裂片卵圆形；花冠紫红色，辐状，张开直径 1.5cm；副花冠环状，5 裂延伸丝状被短柔毛。蓇葖果 2，圆柱状，具有纵条纹；种子黑褐色，顶端具白色绢质种毛。花期 5～6 月，果期 7～9 月。分布于北京各区平原和低山区。

229

斑种草
Bothriospermum chinense

紫草科 Boraginaceae
斑种草属 *Bothriospermum*

一年生草本；高20~30cm。基生叶及茎下部叶具长柄，匙形，长3~6cm，宽1~1.5cm，先端圆钝，基部渐狭为叶柄，边缘皱波状，茎中部及上部叶长圆形，长1.5~2.5cm，宽0.5~1cm，先端尖，基部楔形。花序长5~15cm，具苞片；苞片卵形；花冠淡蓝色。小坚果肾形，有网状皱。花期4~6月。分布于北京各区平原和低山区。

鹤虱
Lappula myosotis

紫草科 Boraginaceae
鹤虱属 *Lappula*

一、二年生草本；高 30~60cm。基生叶长圆状匙形，全缘，先端钝，基部渐狭呈长柄，长达 7cm，宽 3~9mm；茎生叶较短而狭，披针形，先端尖，基部渐狭，无叶柄。苞片线形；花萼 5 深裂；花冠淡蓝色，漏斗状至钟状，裂片长圆状卵形。小坚果卵状，通常有颗粒状疣突，边缘有锚状刺。花果期 6~9 月。分布于北京各区平原和低山区。

231

附地菜
Trigonotis peduncularis

紫草科 Boraginaceae
附地菜属 *Trigonotis*

一年生或二年生草本；茎高 5~30cm。基生叶呈莲座状，有叶柄，叶片匙形，长 2~5cm，先端圆钝，基部楔形，茎上部叶长圆形或椭圆形。花序生茎顶，幼时卷曲，后渐次伸长；花冠淡蓝色或粉色，筒部甚短，倒卵形，白色或带黄色。小坚果 4，四面体形，背面三角状卵形，具棱与短柄。早春开花，花期甚长。分布于北京各区平原和低山区。

钝萼附地菜
Trigonotis peduncularis var.
amblyosepala

紫草科 Boraginaceae
附地菜属 *Trigonotis*

一年生或二年生草本；茎高 7~40cm。基生叶密集，铺散，叶片通常匙形；茎生叶椭圆形，长 1~2.5cm，宽 0.5~1cm，先端圆钝，基部楔形。花序生于茎及小枝顶端，幼时卷曲，后渐次延伸；花萼 5 深裂，裂片倒卵状长圆形，先端圆钝，花期直立。小坚果 4，直立，斜三棱锥状四面体形，早春即开花，花果期较长。分布于北京各山区。

233

牵牛
Ipomoea nil

旋花科 Convolvulaceae
番薯属 *Ipomoea*

一年生缠绕草本。叶宽卵形或近圆形，3裂，基部圆，心形，中裂片长圆形，渐尖。花腋生，单一或通常2朵着生于花序梗顶；苞片线形；萼片披针状线形；花冠漏斗状，蓝紫色或紫红色，花冠管色淡。蒴果近球形，3瓣裂。种子卵状三棱形，黑褐色或米黄色，被褐色短绒毛。花期6~9月，果期9~10月。分布于北京各区平原和低山区。

圆叶牵牛
Ipomoea purpurea

旋花科 Convolvulaceae
番薯属 *Ipomoea*

一年生缠绕草本。叶圆宽卵状心形，长4~18cm，宽3.5~16.5cm，基部圆，通常全缘。花腋生，单一或2~5朵着生于花序梗顶端成伞形聚伞花序；苞片线形；花冠漏斗状，紫红色、红色或白色，花冠管通常白色，瓣中于内面色深，外面色淡。蒴果近球形，3瓣裂。种子卵状三棱形，黑褐色或米黄色，被极短的糠秕状毛。花期6~9月，果期9~10月。分布于北京各区平原和低山区。

北鱼黄草
Merremia sibirica

旋花科 Convolvulaceae
鱼黄草属 *Merremia*

缠绕草本。叶卵状心形，长3～13cm，宽1.7～
7.5cm，顶端长渐尖，基部心形，侧脉7～9对，
纤细，近于平行射出；叶柄长2～7cm，基部
具小耳状假托叶。聚伞花序腋生，有3～7花，
花冠淡红色，钟状，无毛。蒴果近球形，顶端
圆，4瓣裂。种子黑色，椭圆状三棱形，顶端
钝圆。分布于北京各区平原和低山区。

龙葵
Solanum nigrum

茄科 Solanaceae
茄属 *Solanum*

一年生直立草本；高 0.25～1m。叶卵形，长 2.5～10cm，宽 1.5～5.5cm，先端短尖，全缘或每边具不规则的波状粗齿。蝎尾状花序腋外生，由 3～6 花组成；萼小，浅杯状；花冠白色，筒部隐于萼内。浆果球形，熟时黑色。种子近卵形，两侧压扁。花期 5～8 月，果期 7～11 月。分布于北京各区平原和低山区。

237

野海茄
Solanum japonense

茄科 Solanaceae
茄属 *Solanum*

草质藤本；长 0.5～1.2m。叶三角状宽披针形，先端长渐尖，基部圆或楔形，边缘波状；在小枝上部的叶较小，卵状披针形。聚伞花序顶生或腋外生；萼浅杯状，5 裂，萼齿三角形；花冠紫色，花冠筒隐于萼内。浆果圆形，成熟后红色；种子肾形。花期夏秋间，果熟期秋末。分布于北京海淀、房山、昌平、延庆、密云区。

枸杞
Lycium chinense

茄科 Solanaceae
枸杞属 *Lycium*

灌木；高 0.5～1m。枝条有纵条纹，棘刺长 0.5～2cm，小枝顶端锐尖呈棘刺状。叶纸质，单叶互生或 2～4 枚簇生，卵形，长 1.5～5cm，宽 0.5～2.5cm，顶端急尖，基部楔形。花萼 3～5 裂；花冠漏斗状，淡紫色。浆果红色，卵状，顶端尖。种子扁肾脏形，黄色。花果期 6～11 月。分布于北京各区低山地区。

曼陀罗
Datura stramonium

茄科 Solanaceae
曼陀罗属 *Datura*

草本或半灌木状；高 0.5~1.5m。茎淡绿色或带紫色，下部木质化。叶卵形，顶端渐尖，基部不对称楔形，边缘有不规则波状浅裂，裂片顶端急尖，长 8~17cm，宽 4~12cm。花单生，直立；花萼筒状 5 棱；花冠漏斗状，下半部带绿色，上部白色或淡紫色。蒴果直立生，卵状，成熟后淡黄色，规则 4 瓣裂。种子卵圆形，黑色。花期 6~10 月，果期 7~11 月。分布于北京各区平原和低山区。

酸浆
Alkekengi officinarum

茄科 Solanaceae
酸浆属 *Alkekengi*

多年生草本；茎节膨大，叶阔卵形，长5~15cm，宽2~8cm，顶端渐尖，基部不对称，全缘、波状或有粗齿。花萼钟状；花冠辐状，白色；果萼卵状，薄革质，网脉显著，有10纵肋，橙色或火红色，被宿存的柔毛，顶端闭合，基部凹陷；浆果球状，橙红色，柔软多汁。种子肾脏形，淡黄色。花期5~9月，果期6~10月。分布于北京各山区。

241

花曲柳
Fraxinus chinensis subsp. *rhynchophylla*

木樨科 Oleaceae
梣属 *Fraxinus*

乔木；高 12~15m。羽状复叶长 15~35cm；叶对生，叶柄基部膨大；叶轴上面具浅沟，小叶着生处具关节；小叶 5~7 枚，革质，阔卵形，长 3~11cm，宽 2~6cm，先端渐尖，基部钝圆；圆锥花序顶生或腋生当年生枝梢，雄花与两性花异株；花黄绿色，无花冠。翅果线形，翅下延至坚果中部；坚果；具宿存萼。花期 4~5 月，果期 9~10 月。分布于北京各山区。

小叶梣
Fraxinus bungeana

木樨科 Oleaceae
梣属 *Fraxinus*

落叶小乔木或灌木；高 2 ~ 5m。奇数羽状复叶长 5 ~ 15cm；小叶 5 ~ 7 枚，硬纸质，阔卵形，长 2 ~ 5cm，宽 1.5 ~ 3cm，先端尾尖，基部阔楔形，叶缘具深锯齿至缺裂状。圆锥花序顶生或腋生枝梢；先叶后花，花冠白色至淡黄色，裂片线形。翅果匙状长圆形；花萼宿存。花期 5 月，果期 8 ~ 9 月。分布于北京各山区。

243

暴马丁香
Syringa reticulata subsp. *amurensis*

木樨科 Oleaceae
丁香属 *Syringa*

乔木；高4~10m。叶片厚纸质，宽卵形，长2.5~13cm，宽1~6cm，先端短尾尖，基部长圆形，上面黄绿色，下面淡黄绿色，秋时呈锈色。圆锥花序由1到多对着生于同一枝条上的侧芽抽生；花冠白色，呈辐状。果长椭圆形，光滑或具细小皮孔。花期6~7月，果期8~10月。分布于北京各山区。

红丁香
Syringa villosa

木樨科 Oleaceae
丁香属 *Syringa*

灌木；高达 4m。叶片卵形、椭圆状卵形，长 4~11cm，宽 1.5~6cm，先端锐尖，基部楔形，上面深绿色，下面粉绿色。圆锥花序直立，由顶芽抽生；花芳香；萼齿锐尖；花冠淡紫红色、粉红色至白色，花冠管近圆柱形，裂片开展。果长圆形，先端凸尖。花期 5~6 月，果期 9 月。分布于北京各区山地。

巧玲花
Syringa pubescens

木樨科 Oleaceae
丁香属 *Syringa*

灌木；高 1~4m。叶片椭圆状卵形，长 1.5~8cm，宽 1~5cm，先端锐尖，基部宽楔形，叶缘具睫毛，上面深绿色，下面淡绿色。圆锥花序直立，通常由侧芽抽生；花冠紫色，盛开时呈淡紫色，后渐近白色，花冠管圆柱形，裂片常反折。果通常为长椭圆形，皮孔明显。花期 5~6 月，果期 6~8 月。分布于北京各区山地。

平车前
Plantago depressa

车前科 Plantaginaceae
车前属 *Plantago*

一年生或二年生草本。直根系；叶基生呈莲座状，平卧、斜展或直立；叶片纸质，椭圆形，长 3～12cm，宽 1～3.5cm，先端急尖，边缘具浅波状钝齿。花序 3～10 个；穗状花序细圆柱状。花冠白色，椭圆形，于花后反折。蒴果卵状椭圆形。种子 4～5，椭圆形，黄褐色至黑色。花期 5～7 月，果期 7～9 月。分布于北京各区平原和低山区。

247

车前
Plantago asiatica

车前科 Plantaginaceae
车前属 *Plantago*

二年生或多年生草本；具须根系；叶基生，呈莲座状；叶片薄纸质，宽卵形，长4~12cm，宽2.5~6.5cm，先端钝圆，边缘波状，基部宽楔形；脉5~7条。花序3~10个；穗状花序细圆柱状；苞片狭卵状三角形。花冠白色，裂片狭三角形，具明显的中脉。蒴果纺锤状卵形。种子卵状，具角，黑褐色。花期4~8月，果期6~9月。分布于北京各区平原地区。

水蔓菁
Pseudolysimachion linariifolium subsp. *dilatatum*

车前科 Plantaginaceae
兔尾苗属 *Pseudolysimachion*

多年生草本。叶对生，叶片宽条形至卵圆形，先端尖，中上部边缘具三角状锯齿，基部窄狭成柄。花序顶生，总状或穗状，花密集；花蓝色或蓝紫色，花冠4裂；蒴果近球状，稍两侧压扁；种子扁平，平滑。分布于北京各区山地。

249

阿拉伯婆婆纳
Veronica persica

车前科 Plantaginaceae
婆婆纳属 *Veronica*

一年生草本；高10~50cm。叶2~4对，具短柄圆形，长6~20mm，宽5~18mm，基部浅心形，平截，边缘具钝齿。总状花序很长；苞片互生，与叶同形且几乎等大；花萼裂片卵状披针形，有睫毛，三出脉；花冠蓝色、紫色或蓝紫色，裂片卵形，喉部疏被毛。蒴果肾形，网脉明显，具宿存的花柱。种子背面具深横纹。花期3~5月。分布于北京朝阳、房山、海淀区。

北水苦荬
Veronica anagallis-aquatica

车前科 Plantaginaceae
婆婆纳属 *Veronica*

多年生草本。茎、花序轴、花梗、花萼和蒴果上有腺毛。茎高 10～100cm。叶椭圆形，长2～10cm，宽 1～3.5cm。花序比叶长，多花；花梗与苞片近等长，上升，与花序轴呈锐角，果期弯曲向上，使蒴果靠近花序轴；花萼裂片卵状披针形，急尖；花冠浅蓝色、浅紫色或白色。蒴果近圆形。花期 4～9 月。分布于北京各区平原地区。

251

角蒿
Incarvillea sinensis

紫葳科 Bignoniaceae
角蒿属 *Incarvillea*

一年生至多年生草本；叶互生，二至三回羽状细裂，形态多变异，长4～6cm。顶生总状花序，疏散；小苞片绿色。花萼钟状，绿色带紫红色。花冠淡玫瑰色或粉红色，有时带紫色，钟状漏斗形，基部收缩呈细筒，花冠裂片圆形。蒴果淡绿色，角状。种子扁圆形，细小，四周具透明的膜质翅。花期5～9月，果期10～11月。分布于北京各区山地。

藿香
Agastache rugosa

唇形科 Lamiaceae
藿香属 *Agastache*

多年生草本。茎四棱形。叶心状卵形，纸质，长4.5~11cm，宽3~6.5cm，向上渐小，先端尾状长渐尖，基部心形，边缘具粗齿。轮伞花序多花，在主茎或侧枝上组成顶生密集的圆筒形穗状花序。花萼管状倒圆锥形；花冠淡紫蓝色，花冠筒长于花萼。成熟小坚果卵状长圆形，腹面具棱，褐色。花期6~9月，果期9~11月。分布于北京各区山地。

253

丹参
Salvia miltiorrhiza

唇形科 Lamiaceae
鼠尾草属 *Salvia*

多年生直立草本；高 40~80cm。茎四棱，具槽。叶常为奇数羽状复叶，小叶 3~5，长 1.5~8cm，宽 1~4cm，卵圆形，先端锐尖，基部圆形，边缘具圆齿，草质。轮伞花序 6 花或多花，组成顶生或腋生总状花序；苞片披针形。花萼钟形，带紫色。花冠紫蓝色。小坚果黑色，椭圆形。花期 4~8 月，花后见果。分布于北京门头沟、昌平、房山、延庆、密云区。

荔枝草
Salvia plebeia

唇形科 Lamiaceae
鼠尾草属 *Salvia*

一年生或二年生草本；高 15～90cm。叶椭圆状卵圆形，长 2～6cm，宽 0.8～2.5cm，先端钝，基部圆形，边缘具齿，草质，叶面极皱。轮伞花序集成圆锥状，6 花。花萼钟形，散布黄褐色腺点，二唇形。花冠淡红、淡紫、紫、蓝紫至蓝色。小坚果倒卵圆形，成熟时干燥，光滑。花期 4～5 月，果期 6～7 月。分布于北京各区平原和低山区。

夏至草
Lagopsis supina

唇形科 Lamiaceae
夏至草属 *Lagopsis*

多年生草本；茎高 15～35cm，四棱形，具沟槽，带紫红色。叶轮廓为圆形，长宽 1.5～2cm，先端圆形，基部心形，3 裂；脉掌状，3～5 出。轮伞花序疏花；小苞片弯曲，刺状。花萼管状钟形，先端刺尖。花冠明显二唇形，白色，稀粉红色。小坚果长卵形，褐色。花期 3～4 月，果期 5～6 月。分布于北京各区平原和低山区。

水棘针
Amethystea caerulea

唇形科 Lamiaceae
水棘针属 *Amethystea*

一年生草本。茎四棱形，紫色。叶柄紫色，有沟；叶对生，纸质，三角形，3 深裂，裂片披针形，边缘具粗锯齿。花序为由松散聚伞花序所组成的圆锥花序；苞叶与茎叶同形，变小。花萼钟形，萼齿 5，三角形。花冠蓝色。小坚果倒卵状三棱形，腹面具棱。花期 8~9 月，果期 9~10 月。分布于北京房山、昌平、怀柔、密云、平谷区。

香青兰
Dracocephalum moldavica

唇形科 Lamiaceae
青兰属 *Dracocephalum*

一年生草本；高 22～40cm。茎常带紫色。基生叶卵圆状三角形，下部茎生叶与基生叶近似，中部以上叶片披针形，先端钝，基部圆形，长 1.4～4cm，宽 0.4～1.2cm，常具长刺。轮伞花序，疏松，通常具 4 花。花萼被金黄色腺点，脉常带紫色。花冠淡蓝紫色。小坚果长圆形，顶平截，光滑。叶缘有齿和刺。分布于北京各区山地。

毛建草
Dracocephalum rupestre

唇形科 Lamiaceae
青兰属 *Dracocephalum*

多年生草本。茎四棱形，长 15~42cm，常带紫色。基出叶多数，花后仍多数存在；叶片三角状卵形，长 1.4~5.5cm，宽 1.2~4.5cm，先端钝，基部常为深心形，边缘具圆锯齿；茎中部叶具明显的叶柄，叶柄通常长过叶片。轮伞花序密集，通常呈头状、呈穗状。花萼常带紫色。花冠紫蓝色。花期 7~9 月。分布于北京房山、门头沟、延庆、怀柔、密云区。

259

木香薷
Elsholtzia stauntonii

唇形科 Lamiaceae
香薷属 *Elsholtzia*

灌木；高 0.7~1.7m。顶部茎多分枝，紫红色。叶片披针形，背面浓密具腺，基部渐狭，具圆齿边缘有锯齿，先端渐尖。穗状花序，被灰色微柔毛；花序排成穗状，偏向一侧；紫色苞片披针形。花萼钟状；花梗管状；花冠玫瑰色或紫色，在里面间断具髯毛。小坚果椭圆体，光滑。花果期 7~10 月。分布于北京各区山地。

蓝萼香茶菜
Isodon japonicus var. *glaucocalyx*

唇形科 Lamiaceae
香茶菜属 *Isodon*

多年生草本。茎四棱形，具槽。叶卵状圆形，长 6.5~13cm，宽 0.7~3.5cm，顶齿披针形而渐尖，锯齿较钝，草质。花序为由聚伞花序组成的顶生圆锥花序，多花，密集；花萼钟形，萼齿 5，三角状，果萼直立，阔钟形。花萼常带蓝色。成熟小坚果卵形，黄栗色，被黄色及白色腺点。花期 6~10 月，果期 9~11 月。分布于北京各区山地。

261

益母草
Leonurus japonicus

唇形科 Lamiaceae
益母草属 *Leonurus*

一年生或二年生草本。茎钝四棱形，茎下部叶轮廓为卵形，基部宽楔形，掌状 3 裂；茎中部叶轮廓为菱形。轮伞花序腋生，具 8~15 花，轮廓为圆球形，径 2~2.5cm，多数远离而组成长穗状花序。花萼管状钟形。花冠粉红至淡紫红色。小坚果长圆状三棱形，淡褐色，光滑。花期 6~9 月，果期 9~10 月。分布于北京各区山地。

糙苏
Phlomoides umbrosa

唇形科 Lamiaceae
糙苏属 *Phlomoides*

多年生草本。茎多四棱形，具浅槽，常带紫红色。叶对生，近圆形，长 5.2 ~ 12cm，宽 2.5 ~ 12cm，先端急尖，基部浅心形，边缘具齿；苞叶通常为卵形，边缘为粗锯齿状。轮伞花序通常 4 ~ 8 花，多数；苞片线状钻形，常呈紫红色。花萼管状。花冠通常粉红色，常具红色斑点，边缘具不整齐的小齿，自内面被髯毛。小坚果无毛。花期 6 ~ 9 月，果期 9 月。分布于北京各区山地。

263

并头黄芩
Scutellaria scordiifolia

唇形科 Lamiaceae
黄芩属 *Scutellaria*

多年生草本；茎高 12～36cm，四棱形，常带紫色。叶对生，三角状狭卵形，长 1.5～3.8cm，宽 0.4～1.4cm，先端大多钝，基部浅心形，边缘大多具浅锐齿牙。花单生于茎上部的叶腋内，偏向一侧。花冠蓝紫色；小坚果黑色，椭圆形，具瘤状突起。花期 6～8 月，果期 8～9月。分布于北京各区山地。

黄芩
Scutellaria baicalensis

唇形科 Lamiaceae
黄芩属 *Scutellaria*

多年生草本；茎高 30～120cm，钝四棱形，具细条纹，绿色或带紫色。叶坚纸质，披针形，长 1.5～4.5cm，宽 0.5～1.2cm，顶端钝，基部圆形。花序在茎及枝上顶生，总状，常在茎顶聚成圆锥花序。花冠紫、紫红至蓝色。小坚果卵球形，黑褐色，具瘤，腹面近基部具果脐。花期 7～8 月，果期 8～9 月。分布于北京各区山地。

265

荆条
Vitex negundo var. *heterophylla*

唇形科 Lamiaceae
牡荆属 *Vitex*

小乔木或灌木状。叶对生，有柄，掌状复叶，小叶 5，小叶片边缘有缺刻状锯齿，浅裂以至深裂；聚伞圆锥花序长 10～27cm；花萼钟状，具 5 齿，外面常有黄色腺点；花冠淡紫色，被绒毛，5 裂，二唇形；果实球形，中果皮肉质，内果皮骨质。分布于北京各区山地。

筋骨草
Ajuga ciliata

唇形科 Lamiaceae
筋骨草属 *Ajuga*

多年生草本；高 25~40cm。茎四棱形，紫红色。叶片纸质，卵状椭圆形，长 4~7.5cm，宽 3.2~4cm，基部楔形，先端钝，边缘具齿。穗状聚伞花序顶生；苞叶大，叶状，卵形。花萼漏斗状钟形。花冠紫色，具蓝色条纹。小坚果卵状三棱形，背部具网状皱纹，果脐大。花期 4~8 月，果期 7~9 月。分布于北京房山、昌平、怀柔、密云、平谷区。

通泉草
Mazus pumilus

通泉草科 Mazaceae
通泉草属 *Mazus*

一年生草本；高 3～30cm。基生叶少到多数，有时呈莲座状或早落，倒卵状匙形，薄纸质；茎生叶对生或互生，少数，基部楔形，下延成带翅的叶柄。总状花序，常在近基部生花，通常 3～20 朵，花稀疏；花萼钟状，卵形；花冠白色、紫色或蓝色。蒴果球形；种子小而多数，黄色。花果期 4～10 月。分布于北京各区山地。

透骨草
Phryma leptostachya subsp. *asiatica*

透骨草科 Phrymaceae
透骨草属 *Phryma*

多年生草本；高 30～80cm。茎 4 棱。叶对生；叶片卵状长圆形，草质，长 3～11cm，宽 2～8cm，先端急尖，基部圆形。穗状花序生茎顶及侧枝顶端；苞片线形。花通常多数，疏离，出自苞腋，花后反折。花萼筒状。花冠漏斗状筒形，蓝紫色、淡红色至白色，花梗果期下弯贴近总花梗。瘦果狭椭圆形，包藏于棒状宿存花萼内。花期 6～10 月，果期 8～12 月。分布于北京各区山地。

269

毛泡桐
Paulownia tomentosa

泡桐科　Paulowniaceae
泡桐属　*Paulownia*

乔木；高达 20m。叶片心形，顶端锐尖头，上面毛稀疏，下面毛密。花序为金字塔形，具花 3～5 朵；萼浅钟形，外面绒毛不脱落，萼齿卵状长圆形；花冠紫色，漏斗状钟形，向上突然膨大，外面有腺毛，内面几乎无毛，檐部 2 唇形。蒴果卵形，幼时密生黏质腺毛，宿萼不反卷；种子连翅。花期 4～5 月，果期 8～9 月。分布于北京各区。

红纹马先蒿
Pedicularis striata

列当科 Orobanchaceae
马先蒿属 *Pedicularis*

多年生草本；高达 1m。叶互生，基生者成丛，至开花时常已枯败，茎叶很多，渐上渐小，至花序中变为苞片，叶片均为披针形，长达 10cm，宽 3~4cm，羽状深裂至全裂。花序穗状，伸长，稠密；苞片三角形；萼钟形，薄革质，齿 5 枚；花冠黄色，具绛红色的脉纹。蒴果卵形，稍稍扁平；种子极小，长圆形，黑色。花期 6~7 月，果期 7~8 月。分布于北京各区山地。

松蒿
Phtheirospermum japonicum

列当科 Orobanchaceae
松蒿属 *Phtheirospermum*

一年生草本；高可达 100cm。叶片呈三角状卵圆形，长 15～55mm，宽 8～30mm，近基部羽状全裂，向上为羽状深裂；小裂片长卵圆形，边缘深裂。萼齿 5 枚，叶状，披针形；花冠紫红色至淡紫红色；上唇裂片三角状卵圆形，下唇裂片先端圆钝。蒴果卵珠形，种子卵圆形，扁平。花果期 6～10 月。分布于北京各区山地。

地黄
Rehmannia glutinosa

列当科 Orobanchaceae
地黄属 *Rehmannia*

多年生草本；高 10 ~ 30cm。全株密被白色长腺毛；叶通常在茎基部集成莲座状；叶片长椭圆形，上面绿色，下面略带紫色，长 2 ~ 13cm，宽 1 ~ 6cm。萼齿 5 枚，矩圆状披针形；花冠筒多少弓曲，外面紫红色；花冠裂片，5 枚，先端钝或微凹，内面黄紫色，外面紫红色。蒴果卵形至长卵形。花果期 4 ~ 7 月。分布于北京各区平原和低山区。

273

阴行草
Siphonostegia chinensis

列当科 Orobanchaceae
阴行草属 *Siphonostegia*

一年生草本；高30~60cm。叶对生，二回羽裂，叶片厚纸质，卵形，长8~55mm，宽4~60mm。花对生于茎枝上部，构成稀疏的总状花序；苞片叶状；花萼管部很长，顶端稍缩紧；花冠上唇红紫色，下唇黄色；蒴果被包于宿存的萼内，披针状长圆形，种子多数，黑色，长卵圆形，具微高的纵横突起。花期6~8月。分布于北京各区山地。

多歧沙参
Adenophora potaninii subsp. *wawreana*

桔梗科 Campanulaceae
沙参属 *Adenophora*

多年生草本。基生叶心形；茎生叶卵形，卵状披针形，基部浅心形，圆钝，顶端急尖，长2.5~10cm，宽1~3.5cm，边缘具尖锯齿。圆锥花序，花序分枝长而多。花萼筒部球状倒卵形，裂片有齿；花冠宽钟状，蓝紫色、淡紫色；花柱伸出花冠。蒴果宽椭圆状。种子棕黄色，矩圆状。花期7~9月。分布于北京各区山地。

275

石沙参
Adenophora polyantha

桔梗科 Campanulaceae
沙参属 *Adenophora*

多年生草本。基生叶叶片心状肾形，边缘具不规则粗锯齿；茎生叶完全无柄，披针形，边缘具齿。不分枝成假总状花序，短分枝组成狭圆锥花序。花萼筒部倒圆锥状；花冠紫色或深蓝色，钟状，常先直而后反折。蒴果卵状椭圆形。种子黄棕色，卵状椭圆形，有一条带翅棱。花期 8～10 月。分布于北京各区山地。

展枝沙参
Adenophora divaricata

桔梗科 Campanulaceae
沙参属 *Adenophora*

多年生草本。有乳汁。叶通常菱状卵形，长4~7cm，宽2~4cm，边缘具锯齿，3~4枚轮生；圆锥花序塔形；花萼裂片椭圆状披针形，全缘；花冠蓝色，钟状，花柱略伸出。花柱常伸出花冠。花蓝色、蓝紫色，极少近白色。花期7~8月。分布于北京各区山地。

桔梗
Platycodon grandiflorus

桔梗科 Campanulaceae
桔梗属 *Platycodon*

多年生草本；茎高 20~120cm。叶轮生，叶片卵形，长 2~7cm，宽 0.5~3.5cm，基部圆钝，顶端急尖，上面绿色，下面有白粉，边缘具细锯齿。花单朵顶生；花萼筒部圆球状倒锥形；花冠阔钟状，蓝色或紫色，裂片开展。蒴果，球状倒圆锥形。花期 7~9 月。分布于北京各区山地。

党参
Codonopsis pilosula

桔梗科 Campanulaceae
党参属 *Codonopsis*

草质藤本。有乳汁。叶在主茎及侧枝上互生，在小枝上对生，叶片卵形，长 1~6.5cm，宽 0.8~5cm，端钝，基部近心形，边缘具波状钝锯齿，叶基圆形。花单生于枝端。花冠阔钟状，黄绿色，内面有明显紫斑，裂片正三角形，端尖，全缘。蒴果下部半球状，上部短圆锥状。种子多数，卵形，棕黄色。花果期 7~10 月。分布于北京各区山地。

阿尔泰狗娃花
Aster altaicus

菊科 Asteraceae
紫菀属 *Aster*

多年生草本；高 20 ~ 60cm。基部叶在花期枯萎；下部叶条形，全缘；上部叶渐狭小，条形。头状花序，单生枝端或排成伞房状。总苞半球形；舌状花约 20 个，舌片浅蓝紫色，矩圆状条形，花管状；瘦果，倒卵状矩圆形，灰绿色或浅褐色，冠毛污白色或红褐色。花果期 5 ~ 9 月。分布于北京各区平原和低山区。

东风菜
Aster scaber

菊科 Asteraceae
紫菀属 *Aster*

多年生草本；高 100～150cm。基部叶在花期枯萎，叶片心形，长 9～15cm，宽 6～15cm，边缘有具小尖头的齿；中部叶卵状三角形，基部圆形，有具翅的短柄；上部叶矩圆披针形。头状花序，圆锥伞房状排列。总苞半球形；总苞片约 3 层。舌状花约 10 个，舌片白色，条状矩圆形；管状花。瘦果倒卵圆形。冠毛污黄白色。花期 6～10 月，果期 8～10 月。分布于北京各区山地。

281

狗娃花
Aster hispidus

菊科 Asteraceae
紫菀属 *Aster*

一年生或二年生草本。基部及下部叶在花期枯萎，倒卵形，长4~13cm，宽0.5~1.5cm，顶端圆形；中部叶条形，全缘，上部叶小，条形；全部叶质薄。头状花序，单生于枝端而排列成伞房状。总苞半球形。舌状花约30个；舌片浅红色或白色，条状矩圆形；管状花花冠。瘦果倒卵形，扁。冠毛白色。花期7~9月，果期8~9月。分布于北京各区山地。

三脉紫菀
Aster ageratoides

菊科 Asteraceae
紫菀属 *Aster*

多年生草本。下部叶在花期枯落，叶片宽卵圆形；中部叶椭圆形，长 5～15cm，宽 1～5cm；上部叶渐小，全部叶纸质，有离基三出脉。头状花序，排列成伞房或圆锥伞房状。总苞倒锥状。舌状花约 10 个，舌片线状长圆形，紫色、浅红色或白色，管状花黄色。冠毛浅红褐色或污白色。瘦果长圆形，灰褐色。花果期 7～12月。分布于北京各区山地。

283

苍术
Atractylodes lancea

菊科 Asteraceae
苍术属 *Atractylodes*

多年生草本；茎直立。基部叶花期脱落；中下部茎叶羽状深裂或半裂，基部楔形，扩大半抱茎。全部叶质地硬，硬纸质，绿色，边缘有刺齿。头状花序单生茎枝顶端。总苞钟状，苞叶针刺状羽状。瘦果倒卵圆状。冠毛刚毛褐色或污白色，羽毛状，基部连合成环。花果期6～10月。分布于北京各区山地。

小花鬼针草
Bidens parviflora

菊科 Asteraceae
鬼针草属 *Bidens*

一年生草本。叶对生，腹面有沟槽，叶片长6～10cm，二至三回羽状分裂，第一次分裂深达中肋，裂片再次羽状分裂，最后一次裂片条形。上部叶互生，二回或一回羽状分裂。头状花序单生茎端及枝端；总苞筒状；托片长椭圆状披针形。瘦果条形，具4棱，有小刚毛，顶端芒刺2枚，有倒刺毛。分布于北京各地。

翠菊
Callistephus chinensis

菊科 Asteraceae
翠菊属 *Callistephus*

一年生或二年生草本。叶卵形，长 2.5～6cm，宽 2～4cm，边缘有齿。头状花序单生于茎枝顶端；总苞半球形；外层总苞片叶质，边缘有白色糙毛；外围雌花舌状，1 层至多层，蓝紫色，中央有多数筒状两性花，黄色。瘦果长椭圆状倒披针形，稍扁；外层冠毛宿存，内层冠毛雪白色。花果期 5～10 月。分布于北京门头沟、房山、延庆区。

飞廉
Carduus nutans

菊科 Asteraceae
飞廉属 *Carduus*

二年生或多年生草本。中下部茎叶长卵圆形，长 10～40cm，宽 3～10cm，羽状裂；向上茎叶渐小，羽状浅裂，顶端及边缘具等样针刺。全部茎叶两面同色。茎翼连续，边缘有三角形刺齿裂，齿顶和齿缘有针刺，头状花序下部的茎翼常呈针刺状。植株通常生多个头状花序。瘦果灰黄色。冠毛白色；冠毛刚毛锯齿状，基部连合成环，整体脱落。花果期 6～10 月。分布于北京门头沟、延庆、房山区。

287

甘菊
Chrysanthemum lavandulifolium

菊科 Asteraceae
菊属 *Chrysanthemum*

多年生草本。叶互生，叶片轮廓卵形，长 2~5cm，宽 1.5~4.5cm，二回羽状分裂，一回全裂或几全裂，二回为半裂或浅裂。头状花序，通常在茎枝顶端排成复伞房花序。总苞碟形，总苞片约 5 层，外层线形，中内层长椭圆形，全部苞片顶端圆形。舌状花黄色，舌片椭圆形。瘦果。花果期 5~11 月。分布于北京各区山地。

小红菊
Chrysanthemum chanetii

菊科 Asteraceae
菊属 *Chrysanthemum*

多年生草本。叶椭圆形，长 2～5cm，通常 3～5 掌状羽状裂。头状花序，在茎枝顶端排成伞房花序。总苞碟形；总苞片 4～5 层，边缘膜质。舌状花白色、粉红色或紫色，舌片顶端 2～3 齿裂，管状花黄色。瘦果，顶端斜截，下部收窄，4～6 条脉棱。花果期 7～10 月。分布于北京各区山地。

烟管蓟
Cirsium pendulum

菊科 Asteraceae
蓟属 *Cirsium*

多年生草本；高1～3m。基生叶及下部茎叶全形长椭圆形；向上的叶渐小。全部叶两面同色，绿色或下面稍淡，无毛，边缘及齿顶或裂片顶端具针刺。头状花序下垂，在茎枝顶端排成总状圆锥花序。总苞钟状。总苞片约10层，覆瓦状排列。小花紫色或红色。冠毛污白色，基部连合成环；冠毛长羽毛状。花果期6～9月。分布于北京各区平原和低山区。

黄瓜菜
Crepidiastrum denticulatum

菊科 Asteraceae
假还阳参属 *Crepidiastrum*

一年生草本；高50~100cm。基生叶花期枯萎脱落；中下部茎叶全形椭圆形，长3~14cm，宽1~6.5cm，有宽翼柄，柄基扩大圆耳状抱茎。头状花序多数，在茎枝顶端呈伞房花序状，约含12枚舌状小花。总苞圆柱状；总苞片2层。瘦果褐色或黑色，长椭圆形。冠毛白色，糙毛状。花果期6~11月。分布于北京各区山地。

尖裂假还阳参
Crepidiastrum sonchifolium

菊科 Asteraceae
假还阳参属 *Crepidiastrum*

一年生草本；高 100cm。基生叶花期枯萎脱落；中下部茎叶长椭圆状卵形，羽状深裂，基部扩大圆耳状抱茎；上部茎叶卵状心形，顶端渐尖，基部心形，扩大抱茎。头状花序多数，在茎枝顶端排列成伞房状花序，含舌状小花 15～19 枚。总苞圆柱状；总苞片 2～3 层。舌状小花黄色。瘦果长椭圆形，黑色，具喙。冠毛白色。花果期 5～9 月。分布于北京各区平原和低山区。

蓝刺头
Echinops sphaerocephalus

菊科 Asteraceae
蓝刺头属 *Echinops*

多年生草本。基部和下部茎叶全形宽披针形，二回羽状分裂，边缘刺齿，顶端针刺状渐尖，向上叶渐小。全部叶质地薄，纸质，两面异色，上面绿色，被稠密短糙毛，下面灰白色，被薄蛛丝状绵毛。头状花序。小花淡蓝色或白色，花冠5深裂，裂片线形。瘦果倒圆锥状。冠毛量杯状；冠毛膜片线形，边缘糙毛状。花果期8~9月。分布于北京各区山地。

小蓬草
Erigeron canadensis

菊科 Asteraceae
飞蓬属 *Erigeron*

一年生草本；高 50~150cm。基部叶花期常枯萎，下部叶倒披针形，长 6~10cm，宽 1~1.5cm，顶端尖，基部渐狭成柄，中部和上部叶线状披针形。头状花序多数，小，排列成顶生多分枝的大圆锥花序；总苞近圆柱状；总苞片 2~3 层，淡绿色，线状披针形；两性花淡黄色，花冠管状；瘦果线状披针形，稍压扁；冠毛污白色。花期 5~9 月。分布于北京各区平原地区。

牛膝菊
Galinsoga parviflora

菊科 Asteraceae
牛膝菊属 *Galinsoga*

一年生草本；高10~80cm。叶对生，卵形，长2.5~5.5cm，宽1.2~3.5cm，基部圆形，顶端渐尖，基出三脉。头状花序半球形，多数在茎枝顶端排成疏松的伞房花序。总苞半球形；总苞片1~2层，顶端圆钝，白色。舌状花4~5个，舌片白色，筒部细管状；管状花花冠，黄色。瘦果，黑色。花果期7~10月。分布于北京各区平原和低山地区。

295

苦荬菜
Ixeris polycephala

菊科 Asteraceae
苦荬菜属 *Ixeris*

一年生草本。基生叶花期生存，线形；中下部茎叶披针形，顶端急尖，基部箭头状半抱茎，上部叶渐小，与中下部茎叶同形，基部箭头状半抱茎，基部收窄。头状花序多数，在茎枝顶端排成伞房状花序。总苞圆柱状。舌状小花黄色。瘦果压扁，褐色，长椭圆形。冠毛白色。花果期3~6月。分布于北京各区平原和低山区。

牛蒡
Arctium lappa

菊科 Asteraceae
牛蒡属 *Arctium*

二年生草本；高达 2m。茎通常带紫红，全部茎枝被棕黄色小腺点。基生叶宽卵形，长达 30cm，宽达 21cm，叶柄两面异色，上面绿色，下面灰白色或淡绿色。头状花序在茎枝顶端排成伞房花序。总苞卵形。小花紫红色。瘦果倒长卵形，两侧压扁，浅褐色。冠毛多层，浅褐色；冠毛刚毛糙毛状。花果期 6~9 月。分布于北京各区山地。

大丁草
Leibnitzia anandria

菊科 Asteraceae
大丁草属 *Leibnitzia*

多年生草本。叶基生，宽卵形，提琴状羽裂，淡红色，叶片纸质，长 6～10cm，宽 4～5cm，顶端短尖，基部近截平，边缘有规则的圆齿。花葶单生，具线状钻形苞叶。头状花序单生于花葶之顶，花小，舌状花和管状花均为白色；两性花多数，花冠近二唇形。瘦果纺锤形，具 8 纵棱。冠毛粗糙，黄褐色。花期 10～11 月。分布于北京各区山地。

火绒草
Leontopodium leontopodioides

菊科 Asteraceae
火绒草属 *Leontopodium*

多年生草本；花茎被绢状毛。叶直立，在花后有时开展，线状披针形，顶端尖，有长尖头，基部稍宽，上面灰绿色，下面被绢毛。苞叶少数，长圆形，顶端稍尖。头状花序大，在雌株常排列成伞房状。总苞半球形；总苞片约4层。雌雄异株。瘦果，有毛。花果期7～10月。分布于北京各区山地。

狭苞橐吾
Ligularia intermedia

菊科 Asteraceae
橐吾属 *Ligularia*

多年生草本。丛生叶与茎下部叶片肾形，长8~16cm，宽12~23.5cm，先端尖头，边缘具齿，叶脉掌状；茎中上部叶与下部叶同形；茎最上部叶卵状披针形，苞叶状。苞片线状披针形；头状花序多数，辐射状。舌状花黄色，舌片长圆形；管状花，冠毛褐色。瘦果圆柱形。花果期7~10月。分布于北京房山、门头沟、昌平、延庆、怀柔、密云、平谷区。

毛连菜
Picris hieracioides

菊科 Asteraceae
毛连菜属 *Picris*

二年生草本；高 16～120cm。基生叶花期枯萎脱落；下部茎叶长椭圆形，长 8～34cm，宽 0.5～6cm；中部和上部茎叶披针形；最上部茎小，全缘；全部茎叶两面具钩状分叉的硬毛。头状花序较多数，在茎枝顶端排成伞房花序或伞房圆锥花序。总苞圆柱状钟形；总苞片 3 层。舌状小花黄色。瘦果纺锤形，棕褐色。冠毛白色。花果期 6～9 月。分布于北京各区山地。

301

漏芦
Rhaponticum uniflorum

菊科 Asteraceae
漏芦属 *Rhaponticum*

多年生草本；高 30～100cm。基生叶及下部茎叶全形椭圆形，长 10～24cm，宽 4～9cm，羽状裂。中上部茎叶渐小。头状花序单生茎顶。总苞半球形；总苞片约 9 层，覆瓦状排列，总苞片外面具干膜质附片。花两性。瘦果 3～4棱，顶端有果缘，果缘边缘细尖齿。冠毛褐色，基部连合成环，整体脱落；冠毛刚毛糙毛状。花果期 4～9 月。分布于北京各区山地。

篦苞风毛菊
Saussurea pectinata

菊科 Asteraceae
风毛菊属 *Saussurea*

多年生草本；高20~100cm。基生叶花期枯萎，下部和中部茎叶卵状披针形，羽状裂；上部茎叶羽状裂。头状花序数个在茎枝顶端排成伞房花序。总苞钟状；总苞片5层，外层卵状披针形，顶端草绿色，边缘栉齿状，中层披针形，顶端草绿色，内层线形，粉紫色。小花紫色。瘦果圆柱状。花果期8~10月。分布于北京各区山地。

银背风毛菊
Saussurea nivea

菊科 Asteraceae
风毛菊属 *Saussurea*

多年生草本；高 30～120cm。茎被疏蛛丝状毛；中下部叶狭三角形，长 10～12cm，宽 4～6cm，边缘有疏锯齿，上部叶渐小，全部叶两面异色，上面绿色，下面银灰色。头状花序在茎枝顶端排列成伞房花序。总苞钟状；总苞片外层卵形，黑紫色尖头。小花紫色。瘦果圆柱状，褐色。冠毛白色，羽毛状。花果期 7～9 月。分布于北京各区山地。

紫苞雪莲
Saussurea iodostegia

菊科 Asteraceae
风毛菊属 *Saussurea*

多年生草本；高约 15～20cm。叶莲座状，条形，长 4～9cm，宽 3～8mm，顶端急尖，具小刺尖。头状花序 4～7 个在茎顶密集成伞房状，外被大型紫色苞叶；托片条形，白色；花紫红色。瘦果圆柱形，顶端具明显的冠状边缘，暗褐色；冠毛淡褐色，羽毛状。分布于北京门头沟、房山、密云区。

305

风毛菊
Saussurea japonica

菊科 Asteraceae
风毛菊属 *Saussurea*

二年生草本。基生叶与茎叶片全形椭圆形，长7～22cm，宽3.5～9cm，羽状深裂；全部两面同色，绿色，下面色淡，叶基沿茎下延成窄翅。头状花序多数，在茎枝顶端排成伞房状花序。总苞圆柱状；总苞片6层，外层长卵形，中层与内层倒披针形。小花紫色。瘦果深褐色，圆柱形，冠毛白色。花果期6～11月。分布于北京各区山地。

桃叶鸦葱
Scorzonera sinensis

菊科 Asteraceae
蛇鸦葱属 *Scorzonera*

多年生草本；高 5～53cm。基生叶椭圆状披针形，宽 0.3～5cm，顶端急尖，离基 3～5 出脉，边缘皱波状；茎生叶鳞片状，披针形，基部心形，半抱茎或贴茎。头状花序单生茎顶。总苞圆柱状。总苞片多层，外层三角形，中层长披针形，内层长椭圆状披针形。舌状小花黄色。瘦果圆柱状，肉红色。冠毛污黄色，羽毛状。花果期 4～9 月。分布于北京各区山地。

蒲公英
Taraxacum mongolicum

菊科 Asteraceae
蒲公英属 *Taraxacum*

多年生草本。叶倒卵状披针形，长 4～20cm，宽 1～5cm，羽状深裂、倒向羽裂或大头羽裂，叶柄及主脉常带红紫色。花葶 1 至数个，上部紫红色，密被白色长柔毛；头状花序；总苞钟状，淡绿色；舌状花黄色，边缘花舌片背面具紫红色条纹。瘦果倒卵状披针形，暗褐色，上部具小刺，下部具小瘤。花期 4～9 月，果期 5～10 月。分布于北京各区平原和低山区。

狗舌草
Tephroseris kirilowii

菊科 Asteraceae
狗舌草属 *Tephroseris*

多年生草本；高 20～60cm。茎和叶两面被白色蛛丝状密毛。基生叶数个，莲座状，卵状长圆形，长 5～10cm，宽 1.5～2.5cm，具小尖；茎叶少数，下部叶倒披针形，基部半抱茎，上部叶小，披针形。头状花序。总苞近圆柱状钟形；总苞片披针形，绿色或紫色，草质。舌状花黄色，长圆形。瘦果圆柱形，冠毛白色。花期 2～8 月。分布于北京各区山地。

泥胡菜
Hemisteptia lyrata

菊科 Asteraceae
泥胡菜属 *Hemisteptia*

一年生草本；高 30～100cm。基生叶长椭圆形；中下部茎叶与基生叶同形，长 4～15cm，宽 1.5～5cm，全部叶大头羽状深裂。全部茎叶质地薄，两面异色，上面绿色，下面灰白色。头状花序在茎枝顶端排成疏松伞房花序。总苞片具鸡冠状附片。小花紫色或红色，花冠裂片线形。瘦果小，深褐色。花果期 3～8 月。分布于北京各区平原和低山区。

旋覆花
Inula japonica

菊科 Asteraceae
旋覆花属 *Inula*

多年生草本；茎高 30~70cm，节间长 2~4cm。基部叶常较小，在花期枯萎；中部叶长圆状披针形，长 4~13cm，宽 1.5~3.5cm，常有圆形半抱茎的小耳；上部叶线状披针形。头状花序径 3~4cm，多数或少数排列成疏散的伞房花序。总苞半球形；总苞片约 6 层，线状披针形。舌状花黄色。瘦果圆柱形。花期 6~10 月，果期 9~11 月。分布于北京各区平原和低山区。

接骨木
Sambucus williamsii

忍冬科 Viburnaceae
接骨木属 *Sambucus*

落叶灌木或小乔木；高5~6m。奇数羽状复叶，有小叶2~3对，侧生小叶片卵圆形，顶端尖，长5~15cm，宽1.2~7cm，边缘具不整齐锯齿，顶生小叶卵形，叶搓揉后有臭气。花叶同出，圆锥形聚伞花序顶生；花小而密；萼筒杯状；花冠蕾时带粉红色，开后白色或淡黄色，裂片矩圆形。果实红色，卵形。花期4~5月，果期9~10月。分布于北京各区山地。

败酱
Patrinia scabiosifolia

忍冬科 Caprifoliaceae
败酱属 *Patrinia*

多年生草本；高达1m。植株根部有特殊气味；基生叶丛生，花时枯落，椭圆状披针形，长3～10.5cm，具粗锯齿；茎生叶对生，披针形，长5～15cm，常羽状裂，顶裂片先端渐尖，具锯齿；聚伞花序组成伞房花序，具5～6级分枝；花冠黄色，5裂；瘦果长圆形，种子椭圆形、扁平。花期7～9月。分布于北京各区山地。

313

糙叶败酱
Patrinia scabra

忍冬科 Caprifoliaceae
败酱属 *Patrinia*

多年生草本；高 30~60cm。基生叶倒披针形，2~4 羽状浅裂；茎生叶对生，窄卵形，1~3 对羽状裂，中央裂片较长大，倒披针形，两侧裂片镰状条形；圆锥状聚伞花序在枝顶端集生成大型伞房状花序；苞片对生，条形；花冠黄色，筒状，顶端 5 裂；瘦果长圆柱形；果苞近圆形，常带紫色。花期 7~9 月。分布于北京各区低山地区。

异叶败酱
Patrinia heterophylla

忍冬科 Caprifoliaceae
败酱属 *Patrinia*

多年生草本；高 30~80cm。基生叶丛生，叶片边缘圆齿状；茎生叶对生，茎下部叶常羽状全裂，卵形，长 7cm，宽 5cm，先端渐尖，中部叶常具 1~2 对侧裂片，顶生裂片最大，卵形，具圆齿，疏被短糙毛。花黄色，组成顶生伞房状聚伞花序；萼齿 5，卵状长圆形；花冠钟形。花期 7~9 月，果期 8~10 月。分布于北京各区山地。

315

窄叶蓝盆花
Scabiosa comosa

忍冬科 Caprifoliaceae
蓝盆花属 *Scabiosa*

多年生草本；高 30~80cm。基生叶成丛，叶片窄椭圆形，羽状全裂；茎生叶对生，基部连接成短鞘，抱茎，叶片长圆形，一至二回狭羽状全裂。头状花序单生或 3 出；总苞苞片披针形；小总苞倒圆锥形，淡黄白色；花萼细长针状，棕黄色；花冠蓝紫色。瘦果长圆形，顶端冠以宿存的萼刺。花期 7~8 月，果期 9 月。分布于北京各区山地。

六道木
Zabelia biflora

忍冬科 Caprifoliaceae
六道木属 *Zabelia*

落叶灌木；高1~3m。叶矩圆形，长2~6cm，宽0.5~2cm，顶端渐尖，基部钝至渐狭成楔形，上面深绿色，下面绿白色，边缘有睫毛。花单生于小枝上叶腋，花成对着生，花4数；萼筒圆柱形，狭椭圆形；花冠白色、淡黄色或带浅红色，狭漏斗形，4裂，裂片圆形。果实具硬毛；种子圆柱形。早春开花，果期8~9月。分布于北京各区山地。

白芷
Angelica dahurica

伞形科 Apiaceae
当归属 *Angelica*

多年生高大草本。茎通常带紫色,有纵长沟纹。基生叶一回羽状分裂,叶柄下部有管状抱茎边缘膜质的叶鞘;茎上部叶二至三回羽状分裂,叶片为卵形,长 15~30cm,宽 10~25cm。复伞形花序顶生或侧生;花瓣倒卵形。果实长圆形,黄棕色,有时带紫色,厚而钝圆,侧棱翅状。花期 7~8 月,果期 8~9 月。分布于北京各区山地。

北柴胡
Bupleurum chinense

伞形科 Apiaceae
柴胡属 *Bupleurum*

多年生草本；高 50～85cm。基生叶狭椭圆形，长 4～7cm，宽 6～8mm；茎中部叶倒披针形，长 4～12cm，宽 6～18mm，顶端渐尖，有短芒尖头，基部收缩成叶鞘抱茎，叶表面鲜绿色，背面淡绿色，常有白霜。复伞形花序，形成疏松的圆锥状；花瓣鲜黄色，上部向内折，小舌片矩圆形。果椭圆形，淡棕色。花期 9 月，果期 10 月。分布于北京各区山地。

319

短毛独活
Heracleum moellendorffii

伞形科 Apiaceae
独活属 *Heracleum*

多年生草本。茎有棱槽。叶片轮廓广卵形，薄膜质，三出式分裂，裂片广卵形，不规则的3~5裂，长10~20cm，宽7~18cm，裂片边缘具粗大的锯齿。复伞形花序顶生和侧生；总苞片线状披针形；小总苞片5~10。花瓣白色，二型。分生果圆状倒卵形，顶端凹陷，背部扁平。花期7月，果期8~10月。分布于北京房山、门头沟、昌平、延庆、怀柔、密云区。

迷果芹
Sphallerocarpus gracilis

伞形科 Apiaceae
迷果芹属 *Sphallerocarpus*

多年生草本；高 50～120cm。茎下部密被白色硬毛；叶二至三回羽状分裂，二回羽片卵形，长 1.5～2.5cm，宽 0.5～1cm，顶端长尖；花序托叶的柄呈鞘状。复伞形花序顶生和侧生；小伞形花序有花 15～25；总苞片 1，条形；伞辐 5～10；花瓣 5，白色。果实椭圆状长圆形，背部有 5 条突起的棱。花果期 7～10 月。分布于北京门头沟、延庆、怀柔、房山、密云区。

植物中文名索引

A

阿尔泰狗娃花 / 287
阿拉伯婆婆纳 / 257

B

白花碎米荠 / 187
白桦 / 146
白屈菜 / 036
白首乌 / 231
白头翁 / 057
白芷 / 325
败酱 / 320
斑种草 / 237
半夏 / 008
半钟铁线莲 / 047
瓣蕊唐松草 / 062
薄皮木 / 226
暴马丁香 / 251
北柴胡 / 326
北黄花菜 / 017
北京花楸 / 114
北京锦鸡儿 / 092
北水苦荬 / 258
北乌头 / 040
北鱼黄草 / 243
北重楼 / 011
贝加尔唐松草 / 063
篦苞风毛菊 / 310
扁蕾 / 230
萹蓄 / 202
蝙蝠葛 / 037
并头黄芩 / 271
播娘蒿 / 190

C

苍术 / 291
糙苏 / 270
糙叶败酱 / 321
糙叶黄芪 / 080
草芍药 / 065
草珠黄芪 / 079
侧柏 / 006
叉分蓼 / 198

车前 / 255
齿翅蓼 / 200
臭椿 / 183
穿龙薯蓣 / 009
刺果瓜 / 151
刺槐 / 090
翠菊 / 293
翠雀 / 056

D

大丁草 / 305
大果榆 / 130
大花溲疏 / 215
大叶朴 / 133
大叶铁线莲 / 048
丹参 / 261
党参 / 286
地丁草 / 034
地肤 / 212
地构叶 / 159
地黄 / 280
地锦 / 072
地锦草 / 157
地蔷薇 / 112
地梢瓜 / 235
地榆 / 121
点地梅 / 223
东风菜 / 288
东陵绣球 / 216
东亚唐松草 / 064
豆瓣菜 / 186
豆茶山扁豆 / 098
独根草 / 067
独行菜 / 191
短毛独活 / 327
短尾铁线莲 / 049
钝萼附地菜 / 240
多花胡枝子 / 084
多歧沙参 / 282

E

鹅耳枥 / 148
鹅绒藤 / 234

二色棘豆 / 100

F

翻白草 / 106
繁缕景天 / 071
反枝苋 / 209
飞廉 / 294
费菜 / 070
风毛菊 / 313
附地菜 / 239

G

甘菊 / 295
杠柳 / 236
高乌头 / 042
葛 / 096
钩齿溲疏 / 214
狗舌草 / 316
狗娃花 / 289
狗尾草 / 028
枸杞 / 246
构 / 135

H

旱柳 / 165
笮子梢 / 081
河北木蓝 / 095
鹤虱 / 238
黑弹树 / 132
黑桦 / 147
黑三棱 / 027
红丁香 / 252
红花锦鸡儿 / 093
红纹马先蒿 / 278
胡桃 / 145
胡桃楸 / 144
胡枝子 / 085
槲树 / 141
花旗杆 / 184
花曲柳 / 249
花葱 / 219
华北八宝 / 068
华北覆盆子 / 119

华北楼斗菜 / 045
华北落叶松 / 004
槐 / 091
黄瓜菜 / 298
黄海棠 / 171
黄精 / 024
黄连木 / 179
黄芦木 / 038
黄栌 / 180
黄芩 / 272
灰枸子 / 105
茴茴蒜 / 059
火炬树 / 178
火绒草 / 306
藿香 / 260

J

鸡屎藤 / 227
鸡腿堇菜 / 170
蒺藜 / 077
荠 / 188
加杨 / 162
尖裂假还阳参 / 299
坚硬女娄菜 / 208
角蒿 / 259
接骨木 / 319
金露梅 / 123
筋骨草 / 274
荆条 / 273
桔梗 / 285
卷萼铁线莲 / 050
卷耳 / 206
君迁子 / 221

K

扛板归 / 196
苦参 / 097
苦荬菜 / 303

L

蓝刺头 / 300
蓝萼香茶菜 / 268
蓝花棘豆 / 099

藜 / 210
藜芦 / 010
荔枝草 / 262
两型豆 / 078
裂叶堇菜 / 166
瘤毛獐牙菜 / 229
柳叶菜 / 176
六道木 / 324
龙葵 / 244
龙牙草 / 103
漏芦 / 309
芦苇 / 030
路边青 / 104
栾 / 182
萝藦 / 233
落新妇 / 066
葎草 / 134
葎叶蛇葡萄 / 075

M

麻叶荨麻 / 139
马齿苋 / 213
马蔺 / 016
曼陀罗 / 247
牻牛儿苗 / 172
毛茛 / 058
毛建草 / 266
毛连菜 / 308
毛泡桐 / 277
毛蕊老鹳草 / 174
毛榛 / 149
莓叶委陵菜 / 107
美蔷薇 / 124
蒙古栎 / 143
蒙桑 / 136
迷果芹 / 328
米口袋 / 088
棉团铁线莲 / 051
木香薷 / 267
苜蓿 / 086

N

南蛇藤 / 153
尼泊尔蓼 / 201
泥胡菜 / 317
牛蒡 / 304
牛扁 / 041
牛叠肚 / 120
牛膝菊 / 302

O

欧李 / 115

P

平车前 / 254
蒲公英 / 315

Q

牵牛 / 241
茜草 / 228
荞麦 / 199
巧玲花 / 253
芹叶铁线莲 / 052
槭叶铁线莲 / 055
苘麻 / 194
球序韭 / 018
曲枝天门冬 / 022
拳参 / 197
雀儿舌头 / 160

R

热河黄精 / 025
乳浆大戟 / 156

S

三裂绣线菊 / 111
三脉紫菀 / 290
桑 / 137
山丹 / 012
山荆子 / 125
山葡萄 / 076
山桃 / 117
山杏 / 116
山杨 / 163
山楂 / 118
蛇莓 / 122
深山露珠草 / 175
石龙芮 / 060
石沙参 / 283
石生蝇子草 / 207
石竹 / 204
柿 / 222
鼠掌老鹳草 / 173
栓皮栎 / 142
水棘针 / 264
水金凤 / 218
水蔓菁 / 256
松蒿 / 279
酸浆 / 248

酸模 / 203
酸枣 / 127

T

太平花 / 217
太行铁线莲 / 053
糖芥 / 185
桃叶鸦葱 / 314
铁苋菜 / 155
通奶草 / 158
通泉草 / 275
透骨草 / 276
土庄绣线菊 / 110
团羽铁线蕨 / 001
脱皮榆 / 131

W

瓦松 / 069
歪头菜 / 089
委陵菜 / 108
卫矛 / 154
蚊子草 / 109
问荆 / 003
乌头叶蛇葡萄 / 074
五叶地锦 / 073

X

西伯利亚远志 / 102
西山堇菜 / 169
细叶小檗 / 039
狭苞橐吾 / 307
狭叶荨麻 / 140
狭叶珍珠菜 / 220
夏至草 / 263
香青兰 / 265
小红菊 / 296
小花扁担杆 / 193
小花草玉梅 / 043
小花鬼针草 / 292
小蓬草 / 301
小药巴蛋子 / 035
小叶桦 / 250
小叶鼠李 / 126
蝎子草 / 138
薤白 / 020
兴安胡枝子 / 083
旋覆花 / 318

Y

鸭跖草 / 031
烟管蓟 / 297
盐麸木 / 177
野大豆 / 094
野海茄 / 245
野韭 / 019
野西瓜苗 / 192
野鸢尾 / 014
叶底珠 / 161
一把伞南星 / 007
异叶败酱 / 322
益母草 / 269
阴山胡枝子 / 082
阴行草 / 281
银背风毛菊 / 311
银粉背蕨 / 002
迎红杜鹃 / 224
油松 / 005
榆 / 129
羽叶铁线莲 / 054
玉竹 / 023
元宝槭 / 181
圆叶牵牛 / 242
远志 / 101

Z

早开堇菜 / 168
枣 / 128
窄叶蓝盆花 / 323
展枝沙参 / 284
长瓣铁线莲 / 046
沼生繁缕 / 205
照山白 / 225
榛 / 150
知母 / 026
中国黄花柳 / 164
中华秋海棠 / 152
诸葛菜 / 189
猪毛菜 / 211
竹叶子 / 032
紫苞雪莲 / 312
紫苞鸢尾 / 015
紫椴 / 195
紫花地丁 / 167
紫花耧斗菜 / 044

植物拉丁名索引

A

Abutilon theophrasti / 194

Acalypha australis / 155

Acer truncatum / 181

Aconitum barbatum var. puberulum / 041

Aconitum kusnezoffii / 040

Aconitum sinomontanum / 042

Adenophora divaricata / 284

Adenophora polyantha / 283

Adenophora potaninii subsp. wawreana / 282

Adiantum capillus-junonis / 001

Agastache rugosa / 260

Agrimonia pilosa / 103

Ailanthus altissima / 183

Ajuga ciliata / 274

Aleuritopteris argentea / 002

Alkekengi officinarum / 248

Allium macrostemon / 020

Allium ramosum / 019

Allium thunbergii / 018

Amaranthus retroflexus / 209

Amethystea caerulea / 264

Ampelopsis aconitifolia / 074

Ampelopsis humulifolia / 075

Amphicarpaea edgeworthii / 078

Androsace umbellata / 223

Anemarrhena asphodeloides / 026

Anemone rivularis var. flore-minore / 043

Angelica dahurica / 325

Aquilegia viridiflora var. atropurpurea / 044

Aquilegia yabeana / 045

Arctium lappa / 304

Arisaema erubescens / 007

Asparagus trichophyllus / 022

Aster ageratoides / 290

Aster altaicus / 287

Aster hispidus / 289

Aster scaber / 288

Astilbe chinensis / 066

Astragalus capillipes / 079

Astragalus scaberrimus / 080

Atractylodes lancea / 291

B

Bassia scoparia / 212

Begonia grandis subsp. sinensis / 152

Berberis amurensis / 038

Berberis poiretii / 039

Betula davurica / 147

Betula platyphylla / 146

Bidens parviflora / 292

Bistorta officinalis / 197

Bothriospermum chinense / 237

Broussonetia papyrifera / 135

Bupleurum chinense / 326

C

Callistephus chinensis / 293

Campylotropis macrocarpa / 081

Capsella bursa-pastoris / 188

Caragana pekinensis / 092

Caragana rosea / 093

Cardamine leucantha / 187

Carduus nutans / 294

Carpinus turczaninovii / 148

Celastrus orbiculatus / 153

Celtis bungeana / 132

Celtis koraiensis / 133

Cerastium arvense subsp. strictum / 206

Chamaecrista nomame / 098

Chamaerhodos erecta / 112

Chelidonium majus / 036

Chenopodium album / 210

Chrysanthemum chanetii / 296

Chrysanthemum lavandulifolium / 295

Circaea alpina subsp. caulescens / 175

Cirsium pendulum / 297

Clematis acerifolia / 055

Clematis aethusifolia / 052

Clematis brevicaudata / 049

Clematis heracleifolia / 048

Clematis hexapetala / 051

Clematis kirilowii / 053

Clematis macropetala / 046

Clematis pinnata / 054

Clematis sibirica var. ochotensis / 047

Clematis tubulosa / 050

Codonopsis pilosula / 286

Commelina communis / 031

Corydalis bungeana / 034

Corydalis caudata / 035

Corylus heterophylla / 150

Corylus mandshurica / 149

Cotinus coggygria var. cinereus / 180

Cotoneaster acutifolius / 105

Crataegus pinnatifida / 118

Crepidiastrum denticulatum / 298

Crepidiastrum sonchifolium / 299

Cynanchum bungei / 231

Cynanchum chinense / 234

Cynanchum rostellatum / 233

Cynanchum thesioides / 235

D

Dasiphora fruticosa / 123

Datura stramonium / 247

Delphinium grandiflorum / 056

Descurainia sophia / 190

Deutzia baroniana / 214

Deutzia grandiflora / 215

Dianthus chinensis / 204

Dioscorea nipponica / 009

Diospyros kaki / 222

Diospyros lotus / 221

Dontostemon dentatus / 184

Dracocephalum moldavica / 265

Dracocephalum rupestre / 266

Duchesnea indica / 122

E

Echinops sphaerocephalus / 300

Elsholtzia stauntonii / 267

Epilobium hirsutum / 176

Equisetum arvense / 003

Erigeron canadensis / 301
Erodium stephanianum / 172
Erysimum amurense / 185
Euonymus alatus / 154
Euphorbia esula / 156
Euphorbia humifusa / 157
Euphorbia hypericifolia / 158

F

Fagopyrum esculentum / 199
Fallopia dentatoalata / 200
Filipendula digitata / 109
Flueggea suffruticosa / 161
Fraxinus bungeana / 250
Fraxinus chinensis subsp.
    rhynchophylla / 249

G

Galinsoga parviflora / 302
Gentianopsis barbata / 230
Geranium platyanthum / 174
Geranium sibiricum / 173
Geum aleppicum / 104
Girardinia diversifolia subsp.
    suborbiculata / 138
Glycine soja / 094
Grewia biloba var. parviflora / 193
Gueldenstaedtia verna / 088

H

Hemerocallis lilioasphodelus / 017
Hemisteptia lyrata / 317
Heracleum moellendorffii / 327
Hibiscus trionum / 192
Humulus scandens / 134
Hydrangea bretschneideri / 216
Hylotelephium tatarinowii / 068
Hypericum ascyron / 171

I

Impatiens noli-tangere / 218
Incarvillea sinensis / 259
Indigofera bungeana / 095
Inula japonica / 318
Ipomoea nil / 241
Ipomoea purpurea / 242
Iris dichotoma / 014
Iris lactea / 016
Iris ruthenica / 015

Isodon japonicus var. glaucocalyx / 268
Ixeris polycephala / 303

J

Juglans mandshurica / 144
Juglans regia / 145

K

Koelreuteria paniculata / 182
Koenigia divaricata / 198

L

Lagopsis supina / 263
Lappula myosotis / 238
Larix gmelinii var. principis-
    rupprechtii / 004
Leibnitzia anandria / 305
Leontopodium leontopodioides / 306
Leonurus japonicus / 269
Lepidium apetalum / 191
Leptodermis oblonga / 226
Leptopus chinensis / 160
Lespedeza bicolor / 085
Lespedeza davurica / 083
Lespedeza floribunda / 084
Lespedeza inschanica / 082
Ligularia intermedia / 307
Lilium pumilum / 012
Lycium chinense / 246
Lysimachia pentapetala / 220

M

Malus baccata / 125
Mazus pumilus / 275
Medicago sativa / 086
Menispermum dauricum / 037
Merremia sibirica / 243
Morus alba / 137
Morus mongolica / 136

N

Nasturtium officinale / 186

O

Oresitrophe rupifraga / 067
Orostachys fimbriata / 069
Orychophragmus violaceus / 189
Oxytropis bicolor / 100
Oxytropis coerulea / 099

P

Paederia foetida / 227
Paeonia obovata / 065
Paris verticillata / 011
Parthenocissus quinquefolia / 073
Parthenocissus tricuspidata / 072
Patrinia heterophylla / 322
Patrinia scabiosifolia / 320
Patrinia scabra / 321
Paulownia tomentosa / 277
Pedicularis striata / 278
Periploca sepium / 236
Persicaria nepalensis / 201
Persicaria perfoliata / 196
Phedimus aizoon / 070
Philadelphus pekinensis / 217
Phlomoides umbrosa / 270
Phragmites australis / 030
Phryma leptostachya subsp.
    asiatica / 276
Phtheirospermum japonicum / 279
Picris hieracioides / 308
Pinellia ternata / 008
Pinus tabuliformis / 005
Pistacia chinensis / 179
Plantago asiatica / 255
Plantago depressa / 254
Platycladus orientalis / 006
Platycodon grandiflorus / 285
Polemonium caeruleum / 219
Polygala sibirica / 102
Polygala tenuifolia / 101
Polygonatum macropodum / 025
Polygonatum odoratum / 023
Polygonatum sibiricum / 024
Polygonum aviculare / 202
Populus × canadensis / 162
Populus davidiana / 163
Portulaca oleracea / 213
Potentilla chinensis / 108
Potentilla discolor / 106
Potentilla fragarioides / 107
Prunus davidiana / 117
Prunus humilis / 115
Prunus sibirica / 116
Pseudolysimachion linariifolium
    subsp. dilatatum / 256
Pueraria montana var.
    lobata / 096

Pulsatila chinensis / 057

Q

Quercus dentata / 141
Quercus mongolica / 143
Quercus variabilis / 142

R

Ranunculus chinensis / 059
Ranunculus japonicus / 058
Ranunculus sceleratus / 060
Rehmannia glutinosa / 280
Rhamnus parvifolia / 126
Rhaponticum uniflorum / 309
Rhododendron micranthum / 225
Rhododendron mucronulatum / 224
Rhus chinensis / 177
Rhus typhina / 178
Robinia pseudoacacia / 090
Rosa bella / 124
Rubia cordifolia / 228
Rubus crataegifolius / 120
Rubus idaeus var. *borealisinensis* / 119
Rumex acetosa / 203

S

Salix matsudana / 165
Salix sinica / 164
Salsola collina / 211
Salvia miltiorrhiza / 261
Salvia plebeia / 262
Sambucus williamsii / 319
Sanguisorba officinalis / 121
Saussurea iodostegia / 312

Saussurea japonica / 313
Saussurea nivea / 311
Saussurea pectinata / 310
Scabiosa comosa / 323
Scorzonera sinensis / 314
Scutellaria baicalensis / 272
Scutellaria scordiifolia / 271
Sedum stellariifolium / 071
Setaria viridis / 028
Sicyos angulatus / 151
Silene firma / 208
Silene tatarinowii / 207
Siphonostegia chinensis / 281
Solanum japonense / 245
Solanum nigrum / 244
Sophora flavescens / 097
Sorbus discolor / 114
Sparganium stoloniferum / 027
Speranskia tuberculata / 159
Sphallerocarpus gracilis / 328
Spiraea ouensanensis / 110
Spiraea trilobata / 111
Stellaria palustris / 205
Streptolirion volubile / 032
Styphnolobium japonicum / 091
Swertia pseudochinensis / 229
Syringa pubescens / 253
Syringa reticulata subsp.
    amurensis / 251
Syringa villosa / 252

T

Taraxacum mongolicum / 315
Tephroseris kirilowii / 316

Thalictrum baicalense / 063
Thalictrum minus var.
    hypoleucum / 064
Thalictrum petaloideum / 062
Tilia amurensis / 195
Tribulus terrestris / 077
Trigonotis peduncularis / 239
Trigonotis peduncularis var.
    amblyosepala / 240

U

Ulmus lamellosa / 131
Ulmus macrocarpa / 130
Ulmus pumila / 129
Urtica angustifolia / 140
Urtica cannabina / 139

V

Veratrum nigrum / 010
Veronica anagallis-aquatica / 258
Veronica persica / 257
Vicia unijuga / 089
Viola acuminata / 170
Viola dissecta / 166
Viola hancockii / 169
Viola philippica / 167
Viola prionantha / 168
Vitex negundo var. *heterophylla* / 273
Vitis amurensis / 076

Z

Zabelia biflora / 324
Ziziphus jujuba / 128
Ziziphus jujuba var. *spinosa* / 127